“十四五”时期国家重点出版物出版专项规划项目

海南热带特色高效农业实用技术丛书（第二辑）

海南省农业农村厅　海南省教育厅
海南省科学技术协会　海南省妇女联合会　编

豆类蔬菜标准化栽培技术

高芳华　编著

海南出版社
·海口·

图书在版编目（CIP）数据

豆类蔬菜标准化栽培技术 / 高芳华编著. -- 海口 : 海南出版社， 2024. 11. -- （海南热带特色高效农业实用技术丛书）. -- ISBN 978-7-5730-2060-4

Ⅰ. S643-65

中国国家版本馆CIP数据核字第2024VC8385号

豆类蔬菜标准化栽培技术

DOULEI SHUCAI BIAOZHUNHUA ZAIPEI JISHU

高芳华 编著

责任编辑：徐雁晖
执行编辑：潘铭沁
封面设计：黎花莉
出版发行：海南出版社
地　　址：海南省海口市金盘开发区建设三横路2号
邮　　编：570216
电　　话：（0898）66821839
印　　刷：海南雅迪印刷有限公司
版　　次：2024年11月第1版
印　　次：2024年11月第1次印刷
开　　本：889 mm × 1 240 mm　　1/32
印　　张：3.5
字　　数：90千字
书　　号：ISBN 978-7-5730-2060-4
定　　价：10.00元

如有质量问题，影响阅读，请与海南出版社联系调换。
联系电话：（0898）66822026

《海南热带特色高效农业实用技术丛书》
编辑委员会

前 言

海南自由贸易港60%的人口、80%的土地在农村，“三农”工作任重道远，同时海南拥有全国一半面积的热带土地，发展热带特色高效农业前景广阔。习近平总书记高度重视海南热带特色高效农业发展，先后做出海南要“做强做精做优热带特色农业，使热带特色农业真正成为优势产业和海南经济的一张王牌”，要聚焦发展热带特色高效农业在内的四大产业，加快构建现代产业体系等一系列重要指示，为海南加快热带特色高效农业发展指明了方向。2018年4月13日，习近平总书记出席庆祝海南建省办经济特区30周年大会并发表重要讲话指出：“海南是我国唯一的热带省份。要实施乡村振兴战略，发挥热带地区气候优势，做强做优热带特色高效农业，打造国家热带现代农业基地，进一步打响海南热带农产品品牌。”

近年来，海南重点打造六大热带农业“特色名片”（国家南繁科研育种基地、国家冬季瓜菜生产基地、热带水果生产基地、热带作物生产基地、现代渔业生产基地、特色畜禽生产基地），热带特色高效农业取得新成效。2022年，热带特色高效农业增加值突破千亿元，为海南经济高质量发展作出了较大贡献。

海南热带特色高效农业持续高质量发展离不开先进技术的支撑和高素质“三农”队伍的培育。为此我们结合新形势新要求精心修订再版《海南热带高效农业实用技术丛书》，并更名为《海南热带特色高效农业实用技术丛书》。本丛书出版发行20余年来，以其技术先进、通俗易懂、实用对路深受广大农民、农业科技工作者、农业企业以及农业院校师生欢迎，成为海南农业发展的好帮手。此次再版，我们注重根据海南热带特色高效农业发展情况调整分册编排、书名，同时吸收国内外最新技术、方法，使本丛书指导性、实用性更强。

本丛书由海南省农业农村厅、海南省教育厅、海南省科学技术协会、海南省妇女联合会联合组织编写，邀请中国热带农业科学院、海南大学、海南省农业科学院、海南省海洋与渔业科学院、海南省农技推广中心等单位活跃在科研、教学和农技推广一线的专家、学者担任分册主编，内容覆盖热带特色高效农业各重点产业和品种，突出“实用技术”的特点，以期为广大农业生产者、农业科技工作者和政府部门做好服务，为端稳全国人民冬季“菜篮子”和热带“果盘子”提供科技支撑。

此次再版，可能还有一些不尽如人意的地方，恳请专家和读者，特别是广大一线农技推广工作者和农民朋友多提宝贵意见，以利于我们择机再行修订。

《海南热带特色高效农业实用技术丛书》编辑委员会

2023年5月

目　录

第一章 概 述

本章提要与学习指导

本章概述了豆类蔬菜种类与分布情况，并对海南豆类蔬菜产业概况进行了分析。通过了解海南豆类蔬菜产业发展的现状、优劣势和存在问题，为海南豆类蔬菜产业的转型升级打好基础。

豆类蔬菜是蔬菜作物的重要组成部分，种类繁多，起源于野生植物，经过人类培育、选择而成，是人类基本的食物来源之一。由于受到不同自然与人为环境条件的影响，以及自然与人工选择的作用，因此形成了豆类蔬菜各自的生物学特性。

第一节 豆类蔬菜种类和分布

豆类蔬菜为豆科一年生或两年生的草本植物，主要包括豇豆属、菜豆属、豌豆属、蚕豆属、扁豆属、刀豆属、大豆属和四棱豆属等。豆类蔬菜的栽培遍及世界各地，其中亚洲的种植面积最大。豆类蔬菜在我国的栽培历史悠久，种类多，分布广。海南主要种植豇豆属、菜豆属、豌豆属和四棱豆属等，本节重点介绍这四个属的种类和分布。

一、豇豆属

花冠白色、淡黄色或紫色，伸出萼外，龙骨瓣弯拱，钝或有喙，但非螺旋状。分布于热带地区，全世界有约150种，我国有16种、3亚种、3变种，均分布在南部地区。

二、菜豆属

托叶着生点以下不延长，龙骨瓣及花柱的增厚部分旋卷逾360°，龙骨瓣无囊状附属物，花粉粒纹饰精细，是与豇豆属的主要区别。全世界有约50种，主要分布在温暖地区，尤以美洲的热带地区为多；我国有3种，南北均有分布，全为栽培种。

三、豌豆属

一年生或越年生攀缘草本植物，花冠白色、紫色或红色，伸出萼外，旗瓣大，龙骨瓣短于翼瓣。起源于亚洲西部和地中海地区，在我国大部分地区有栽培，全世界有约6种。

四、四棱豆属

花冠蓝色或浅紫色，伸出萼外，旗瓣近圆形，基部具耳及附属体，无毛，翼瓣倒卵形，龙骨瓣弯成直角。起源于非洲热带和东南亚地区，迄今已有400多年的栽培历史，我国南方地区100多年前就已有栽培，广东、广西、云南、海南、台湾等地栽培较多。全世界有约9种，分布在东半球热带地区，我国有1种。

第二节 海南豆类蔬菜产业概况

海南岛地处热带北缘，素有“天然大温室”的美称，依靠得天独厚的温光条件，成为我国冬春季北运蔬菜主产区之一，特别是豆类蔬菜产业，已成为海南最具优势的种植产业之一。伴随着海南豆类蔬菜产业的快速发展，已基本形成了琼南、琼西和琼北的区域布局，但仍然存在种植规模“大而不强”、生产管理“粗而不精”、产品种类“博而不优”等诸多问题。随着全国蔬菜产业市场的不断完善、整合，生活水平逐渐提升，人民对蔬菜产品质量的需求也不断提高。海南须充分发挥天然的地理环境条件优势，进一步调整、优化区域布局，实行产地环境整治，推广新品种、新技术，确保豆类蔬菜产品质量安全，实现豆类蔬菜产业的高质量发展。

一、产业发展现状

2000年以来，随着全国蔬菜无公害行动计划的实施，海南“南菜北运”蔬菜产业进入结构性调整和提质增效的新时期，豆类蔬菜产业的生产规模也稳中有升。豆类蔬菜的种植面积从2001—2002年的13.60万亩（1亩≈667平方米）增加到2020—2021年的53.24万亩（表1-1），其中豇豆种植面积从3万多亩增加到27万多亩。2021年海南省农业农村厅开始实施《海南省豇豆质量安全专项整治行动方案》后，为杜绝农产品农药残留超标，稳定豇豆产业优势，农业主管部门对豇豆产业监管力度加大，2022—2023年豇豆的种植面积减少到12.94万亩，豆类蔬菜的种植面积减少到35.11万亩。

表1-1　2001—2002、2015—2023年海南豆类蔬菜种植面积和产量

时间	种植面积/万亩	产量/万吨
2001—2002年	13.60	19.10
2015—2016年	48.38	82.25
2016—2017年	49.31	83.83
2017—2018年	47.38	80.55
2018—2019年	43.17	73.40
2019—2020年	45.52	81.94
2020—2021年	53.24	110.07
2021—2022年	44.94	92.58
2022—2023年	35.11	72.33

注：数据来源于海南省农业农村厅。

2004年，海南开展冬春季蔬菜农产品区域布局规划，豆类蔬菜产业规划了西南、东南和北部三大产业带，主要产区包括三亚、乐东、陵水、儋州和澄迈。近年来，随着蔬菜产业结构的调整优化、“一村一品”等规模化种植模式的出现以及产品上市时间的交错，海南豆类蔬菜产业逐步形成了南部（三亚、乐东、陵水、保亭和万宁）、北部（澄迈、海口、文昌和定安）和西部（儋州、东方、昌江和临高）三大产业带。

表1-2　2020—2021年海南豆类蔬菜种植面积和产量

地区	种植面积/万亩	产量/万吨	占全省面积比率/%
全省	53.24	110.07	—
南部	26.59	54.78	49.94%
北部	10.29	21.20	19.33%
西部	13.62	28.06	25.58%

注：数据来源于海南省农业农村厅。

二、优劣势分析

（一）优势分析

1. 季节优势

海南长夏无冬，瓜菜满四季。最冷的1月份，大部分地区平均温度在17摄氏度以上，南部沿海地区高达20摄氏度以上。每年11月至翌年4月为少雨季节，阳光充足，对农作物提高结实率很有利。豆类蔬菜生长的适宜温度在20～30摄氏度，最低生长温度为10～12摄氏度，10摄氏度以下生长停止，5摄氏度以下植株会受到冷冻害。海南冬春季时期，我国内陆地区正处于低温寒冷的季节，豆类蔬菜生产的条件相对较差，易引起冷冻害。同时，因增温大棚成本较高，故难以形成规模生产。海南豆类蔬菜生产的主要竞争对手来自我国的五大蔬菜产区：广东、广西、福建、云南、四川。与这些地区相比，冬春季海南有着明显的季节优势。产品上市期在11月至翌年4月，这时候五大蔬菜产区的豇豆生产正受到气候条件影响，未能参与竞争，这也是海南豆类蔬菜产业的最大优势所在。

2. 生产方式优势

随着北方保护地尤其是日光温室的大面积发展，海南的“南菜北运”基地的生产优势逐渐弱化，但并不是所有的蔬菜种类都受到相同影响。如豆类蔬菜，其正常的开花结果均须有较强的光照，而北方大多数保护地中，虽然温度基本能满足营养生长要求，但由于覆盖形成的弱光环境，使其开花结果不良，即产生“花而不实”的现象。相反，海南的自然温光条件对大多数豆类蔬菜的生长都是适宜的。因此，豆类蔬菜在海南冬季采取露地栽培更具优势。

3. 产品质量优势

海南豆类蔬菜生产采取露地栽培的方式，与北方的保护地栽培相比，具有明显的产品质量优势，主要表现在果实外观的色泽及光洁度等方面。一般而言，露地栽培的豇豆色泽好、光洁度高，而保护地栽培的豇豆色泽暗淡、无光泽或光洁度差。

（二）劣势分析

1.“两广”北运豆类蔬菜产品制约

粤西地区也是北运豆类蔬菜主要生产基地之一，湛江的徐闻、雷州、廉江、遂溪和茂名的高州、化州等，种植面积在40万亩左右，产量超过100万吨。部分坡地为秋种（在8月下旬下种），上市较早，收获时间较长，运输距离短。广西的南宁、钦州、防城港、北海等地以及桂北的部分地区，种植面积超过30万亩，批量上市的时间在10月至翌年1月，也对海南豆类蔬菜产品产生较大的冲击。

2. 内地大棚瓜菜制约

内地大棚瓜菜生产规模大、种类多，对前期上市的海南冬季瓜菜销售产生一定的影响。由于可选择的蔬菜种类多，会影响海南豆类蔬菜的经济效益。

三、产业存在的问题

（一）种植水平不高，质量安全难以保证

海南豆类蔬菜栽培仍然是采用传统栽培模式，农民文化水平偏低，初中以下文化水平的农业人口占全省农业人口的60%左右。农民对农业优良品种、高新技术接受能力不强，现代农业生产模式没有形成，机械化水平与发达国家存在较大的差距。加上海南

高温高湿的气候条件，有助于病虫害的发生。农户追求短期利益，对土地掠夺性经营，导致大多数菜地不断退化；产品农药残留、超标现象时有发生，影响了产品的质量安全和在市场上的竞争力，制约了豆类蔬菜产业的持续健康发展。豆类蔬菜是连续开花、采收的农作物，采收季节普通大蓟马、斑潜蝇猖獗，农民往往3天喷施一次农药，农药安全期未过便采收，这是豇豆农药残留超标的主要原因。2021年3—5月，农业农村部在北京蔬菜批发市场抽检来自三亚等地的32份豇豆产品样品，其中灭蝇胺、甲维盐等农药残留超标有18份，不合格率达56.25%。

（二）产地环境恶化，连作障碍严重

对于优良的蔬菜用地，其利用率是比较高的，但海南没有达到用地与养地的有机结合，掠夺性经营的现象普遍发生，耕地长期处于超负荷生产和入不敷出的状态，耕地养分消耗过大而未能及时补充各种养分，导致大多数菜地不断退化。主要表现在土地有机质含量偏低（0.4%～0.8%），沙化趋势明显；土壤pH值偏低（pH值3.5～5.5），酸化现象严重，从而影响蔬菜生产的可持续发展。豇豆主产区一般连作十年以上，产地周边病虫源多、土壤酸化或板结、有机质流失，造成豇豆连作障碍日益严重，甚至绝收。三亚、乐东、澄迈等地冬春季种植的豇豆被斑潜蝇、豇豆荚螟、普通大蓟马等病虫害为害严重，引起豇豆减产甚至绝收。

（三）生产成本持续走高，利润逐年下降

随着物价上涨，劳动力价格、农资价格不断走高，豆类蔬菜生产投入成本提高，比较效益不断下降。蔬菜生产属劳动密集型产业，但海南农户在生产过程中机械化水平不高，全省机械化率不足20%。当前豆类蔬菜生产成本中劳动力成本占50%，每亩达

4000~5000元；农药、肥料、架材等农资成本占40%，每亩达3000~4000元。正常年份每亩豇豆的平均收入为15000~20000元，收购价格不好的年份还会出现亏损。

思考题

1. 豆类蔬菜的种类有哪些？
2. 海南豆类蔬菜产业与内地相比，具有哪些优势？
3. 海南豆类蔬菜的生产与销售面临哪些关键性问题？

第二章　豇豆标准化栽培技术

本章提要与学习指导

本章讲述了豇豆的生物学特性、类型与品种、栽培模式与季节、栽培技术以及豇豆“全覆盖式防虫网+”应用技术。重点学习豇豆的类型与品种、栽培模式与季节、栽培技术和豇豆“全覆盖式防虫网+”应用技术。

豇豆（*Vigna unguiculata*），豆科豇豆属，一年生缠绕、草质藤本或近直立草本植物。明代李时珍的《本草纲目》中提到豇豆“此豆红色居多，荚必双生”。原产于非洲，后经印度和缅甸，在汉代时传入我国，现在全国大部分地区均有栽种。豇豆性平、味甘咸，富含易于消化吸收的优质蛋白质，还有适量的碳水化合物及多种维生素、微量元素等。

豇豆又名豆角、长豆角、角豆、线豆角等，主要分为长豇豆（荚长60～80厘米）和短豇豆（荚长20～30厘米）两类。海南多种植短豇豆。

豇豆耐高温，不耐低温，属于短日照作物，喜强光，光照弱时易落花落荚，耐旱力较强，但不耐涝。是海南“冬种北运”和“夏季渡淡”供应的重要蔬菜种类，特别是“冬种北运”蔬菜中较具优势的蔬菜种类之一。海南省农业农村厅近几年的统计数字表明：海南省豇豆栽培面积达20万亩以上，主要运往内地各大中城市及港澳地区。面对海南自由贸易港建设机遇，应充分发挥海南冬春季所具有的优势，提升豇豆产品质量，提高市场竞争力，促进农业增效、农民增收，为新农村建设和全国的“菜篮子”工程建设做出更大的贡献。

第一节　生物学特性

一、植物学特征

（一）根

豇豆主根系较发达，侧根系不发达，主根深达40～50厘米，侧根长达40～50厘米，根系主要分布在15～18厘米深的耕作层。豇豆的根易木栓化，再生能力弱。根系上的根瘤不发达，但其中的根瘤菌固氮能力较强。根瘤主要着生于主根上，侧根根瘤较少。

（二）茎

豇豆茎有蔓生、半蔓生和矮生三种类型，以蔓生为多。蔓生种茎蔓生长旺盛，最长超过300厘米；半蔓生种茎蔓生长中等，一般长100～200厘米；矮生种茎蔓直立或半开放，花芽顶生，株高40～70厘米。蔓生种和半蔓生种均为花序侧生，茎蔓呈左旋性缠绕。

（三）叶

豇豆第一对真叶对生，叶片先端钝尖，基部近心脏形；其后长出的叶为三出复叶。叶柄长15～20厘米，叶肉较厚，表面光滑，深绿色，多为长卵形或菱形，光合作用强，也较耐阴，不易萎蔫，具有抗旱性。

（四）花

豇豆花为蝶形花，总状花序，矮生种花序侧生和顶生，半蔓生种和蔓生种花序侧生，每个花序4～6朵，近似成对着生。花序柄长10～16厘米。花多为紫红色至紫蓝色或浅黄色至乳白色，夜间始开，日出前后盛开，午前闭合。授粉受精后子房伸长3～4厘米时，花冠败落。以主蔓结果的品种，早熟品种第一花序着生节位一般在3～4节，晚熟品种为7～9节；以侧蔓结果的品种，分枝力较强，侧蔓第一节位即可抽生花序。各花序一般结成1对果荚，若肥水充分，管理精细，条件适宜，可陆续结荚2～3对，甚至多达4对。豇豆是典型的自花授粉作物，自然杂交率极低。

（五）荚果与种子

豇豆荚果细长，呈圆筒形。果荚颜色有青、白、红及其他以这三种颜色为基础色演化而来的颜色，同一品种的荚果颜色较稳定。每荚种子数10～24粒，种子肾形，种皮红色、黑色、白色、红白相间或黑白相间。种皮色泽深浅与花色有密切关系，花为紫蓝色的品种，种皮颜色较深；白花品种，种皮颜色为浅色。种子无休眠，老熟豆荚在植株上若遇连续阴雨天，种子极易在荚内发芽。

二、生长发育周期

豇豆的生长发育周期可分为发芽期、幼苗期、抽蔓期和开花结荚期4个阶段，其中大部分时间是营养生长和生殖生长同时进行。开花结荚期以前以营养生长为中心，以后以生殖生长为中心，开花结荚期是从营养生长向生殖生长转折的时期。结荚前应控水防徒长；结荚时易发生因生殖生长过盛而造成植株早衰或“伏歇”的现象，应保证肥水供应，防止脱肥，延长盛果期。蔓生豇豆的生长发育期为110～140天，矮生豇豆为90～110天，具体生长天数因品种、栽培季节和栽种条件等因素而有所差异。

（一）发芽期

从种子萌发至第一对真叶展开，称为“发芽期”，时间需5～7天。豇豆早期的生长所需营养主要通过子叶提供，等到真叶展开后开始光合作用，由异养生长转换至自养生长。此时期应注意保护子叶，防止子叶损伤、被虫咬或感染病菌。

（二）幼苗期

第一对真叶展开至抽蔓前，称为“幼苗期”，时间为15～20天。真叶进行光合作用，茎直立，根系逐渐深扎土层，以营养生长为主，腋芽开始萌动，花芽开始分化，根系开始木栓化。此时期豇豆根系再生能力弱，容易引起沤根、茎基部腐烂等从而死苗，需控制浇水淋肥。育苗移栽的植株，应在第一对真叶展开前进行移栽才易成活。

（三）抽蔓期

腋芽萌动至植株现蕾，称为“抽蔓期”，时间为10～15天。主蔓开始迅速伸长，腋芽开始抽出侧蔓，根系生长迅速，根瘤逐渐形成。此时期植株容易徒长，可通过植物生长调节剂控制，促进植株健壮生长。同时应重点压低虫口密度，特别是普通大蓟马和茶黄螨等。

（四）开花结荚期

现蕾开始至采收结束，称为“开花结荚期”，时间为50～70天。这个时期营养生长和生殖生长同时进行，植株需要大量的养分、水分、光照以及适宜的温度。此时期是影响豇豆产量的关键时期，在基肥充足的基础上保障肥水供应，有利于提高产量和品质。

三、对环境条件的要求

（一）温度

豇豆喜温耐热，不耐低温霜冻。种子发芽的最低温度为8～12摄氏度，生长适温为25～30摄氏度。植株生长发育适温为20～30摄氏度，15摄氏度以下生长缓慢，10摄氏度以下生长停止。开花结荚适温为25～30摄氏度，35摄氏度高温下仍能正常结荚。

（二）光照

豇豆多数品种属中光性，对光照长度要求不严格。但短光照会降低第一花序节位，开花结荚增多。开花结荚期间要求光照强度充足，若光照强度不足，落花落荚严重。矮生种和半蔓生种较耐阴，适于与高秆作物间作、套作。

（三）水分

豇豆根系较深，吸水力强，叶面蒸腾量小，因而比较耐旱。发芽期和幼苗期不宜过湿，以免降低发芽率、徒长或沤根死苗。开花结荚期要求水分适当。遇连续阴雨天气，不利于根系生长、根瘤菌活动及授粉受精，常引起落花落荚。干旱缺水也同样会引起落花落荚。

（四）土壤及营养

豇豆对土壤适应性广，在排水良好的砂质土壤、黏质土壤及壤土中栽培产量较高，pH值为6～7的土壤最好。豇豆不宜连作，以间隔2～3年为好。豇豆植株生长旺盛，生育期长，需肥量较多，但不耐肥。在施足基肥的基础上，还应少量多次追肥，防止出现因脱肥造成早衰或“伏歇”现象。豇豆根瘤菌不如其他豆类发达，需要一定的氮肥，但注意氮肥、磷肥、钾肥配合施用。增施磷肥，可促进植株生长和根瘤活动，豆荚充实，产量增加；增施钾肥，可提高豆荚产量和品质。

第二节　类型与品种

一、类型

豇豆分菜用和粮用两类。菜用豇豆的嫩荚肉质肥厚脆嫩，供菜食；粮用豇豆的果荚皮薄、纤维多而硬，不能食用，以种子作粮用。

菜用豇豆依果荚颜色分为青绿色、绿白色和深红色；依茎的生长习性可分为蔓生种、半蔓生种和矮生种，半蔓生种在我国极少有栽培。

（一）蔓生种

蔓生种在我国栽培普遍，常见的地方品种有广东的‘铁线青’‘金山白’‘西圆红’，浙江的‘青豆角’‘早青红’，山东的‘青丰’‘大条青’，贵州的‘朝阳线’，广西的‘桂林白’，陕西的‘罗裙带’，北京的‘紫豇’等。

（二）矮生种

矮生种在我国栽培较少。常见品种有‘苏豇8号’‘中豇1号’‘美国无架豇豆’‘皖青 512’‘方选矮豇’等。

二、海南优良品种介绍

海南栽培的豇豆多为蔓生种，品种来源多为江西和广东两地。冬春季种植豇豆要选择耐寒性强的品种，夏秋季种植要选择耐热湿的品种。

（一）‘海豇一号’

海南省农业科学院蔬菜研究所育成。植株蔓生，生长势强，分枝力中等。主蔓结荚为主，主蔓始花节位3～4节，中层结荚集中，持续结荚能力强。商品荚色嫩绿色，荚长70厘米，横径0.68～0.75厘米，单荚重21～25克，条荚上下粗细均匀，美观顺直，不露仁，无鼠尾。丰产性好，抗寒性强，不易早衰，抗锈病、白粉病，耐贮运，商品性好。最适生长温度为20～33摄氏度，适应性广。亩产量可达2500～4000千克。

（二）‘南豇一号’

三亚市南繁科学技术研究院育成。中早熟，在海南11月上旬种植，播种至初收约60天，大棚种植可提早3天上市。植株较矮，分枝少，生长势强。主蔓第2～3节着生第一对花序，开花后5～7天可采收嫩荚，种子成熟约需30天。豆荚圆条形，淡绿色，荚长70厘米左右，横径0.78厘米左右，豆荚顺直、不弯曲、不鼓籽、无鼠尾，荚条粗细均匀，双荚率较高。耐低温阴雨，耐弱光，耐运输。亩产量可达2500～3000千克。

（三）‘九七翠冠’

安徽九七种苗科技有限公司育成。中早熟，主蔓第3～4节着生第一花序，叶绿色，叶片偏小，荚长70～80厘米，商品荚浅翠色，结荚集中，以中上层开花结荚为主，持续翻花能力强，荚条粗细均匀、顺直，双荚率高且整齐，无鼠尾，耐老化，不鼓籽，耐运输，商品性好。亩产量可达2500～4000千克。

（四）‘乐豇一号’

海南富友种苗股份有限公司育成。中早熟，植株蔓生，分枝能力中等，主蔓始花节位4～5节，持续结荚能力强。荚色浅绿，荚长70～80厘米，横径1厘米，荚条粗细均匀，美观顺直，无鼠尾。抗病性强，不易早衰，商品性好，产量高，采收期长。亩产量可达2500～3500千克。

（五）‘林忠民黑金马豆角’

海南林忠民菜种行有限公司育成。中早熟，植株蔓生，生长势强，分枝力强。主蔓结荚为主，主蔓始花节位4～6节，中层结荚集中，持续结荚能力强。商品荚色嫩绿色，荚长60～90厘米，横径0.75厘米，单荚重20克，条荚上下粗细均匀，美观顺直，不露仁，无鼠尾。丰产性好，抗性强，不易早衰，耐老化，耐贮运，商品性好。亩产量可达2500～4000千克。海南全年均可播种。

（六）‘多美顺长豆角’

广东和利农生物种业股份有限公司育成。中早熟，植株生长势较强，主蔓第4节着生第一花序，叶色淡绿，叶片中等，分枝少，中层开花结荚多，商品荚嫩绿色，荚面光滑，条荚上下粗细均匀，荚长70～75厘米，横径0.8厘米左右。肉厚，耐老化，耐贮运，不鼓籽，无鼠尾，双荚率较高，商品性好，抗性较强。生长适温为15～30摄氏度，全国各地均可种植。在适温条件下建议栽培时间春季为2月15日至4月15日，秋季为7月20日至8月20日。春播约60～65天可采摘，夏秋播约45天可采摘。亩用种量2.5～3.5千克。苗期注意控氮、控水，防止徒长，但重施基肥、钾肥，采收期重施复合肥及供给充足水分。生长期注意防治白粉病、锈病和螨类、豇豆荚螟。正常气候精细管理条件下亩产量2000～4000千克。

（七）‘富贵豆角’

广东和利农生物种业股份有限公司育成。早中熟，植株生长势较强，主蔓第4节着生第一花序，叶色淡绿，叶片中等，分枝少，中层开花结荚多，商品荚嫩绿，荚面光滑，条荚上下粗细均匀，荚长72～80厘米，横径0.8厘米左右。肉厚，耐老化，耐贮运运，不鼓籽，无鼠尾，双荚率较高，商品性好，抗性较强。在正常气候精细管理条件下亩产量2000～4000千克。

（八）‘夏宝2号’

深圳市农业科学研究中心选育而成。早熟，植株蔓生，节间长15.7厘米，侧蔓2～3条。小叶长11厘米，宽6.7厘米，深绿色。主蔓第4节开始着生花序，花紫白色。荚长56厘米，横径0.9厘米，单荚重22～27克。荚皮薄，青白色，肉厚，味甜爽脆，纤维少，不易老化，品质优良，商品性好。种子肾形，红褐间白色，千粒重145克。亩产量2000～2500千克。

（九）‘海豇3号’

海南省农业科学院蔬菜研究所育成。早中熟，植株蔓生，生长势强，适应性广，分枝力中等。主蔓结荚为主，第4节开始结荚，上、中层结荚集中，双荚率高，持续结荚时间长，不早衰。叶片中等，叶色深绿。豆荚油白、肉厚，荚长70～80厘米，横径0.8～0.9厘米，荚面美观顺直，上下粗细均匀，无鼠尾。抗病性强，耐老化，耐贮运，商品性极佳，产量高，采收期长。在正常气候精细管理条件下亩产量2000～4000千克。

（十）‘赣农领航者’

江西赣农种业有限公司育成。早中熟，植株蔓生，生长势强。叶片中等，叶色深绿。分枝弱、短，主蔓、侧蔓均结荚，主蔓始花节位3～4节，双荚率高，荚长70～80厘米左右，荚条粗壮，上下粗细均匀，不露仁，无鼠尾，肉质厚，尾部圆润，荚面色泽翠绿、顺直光亮。耐湿，翻花能力强，采收期长。亩产量可达2500千克以上。

（十一）‘美国白仁豆角’

从国外引进。植株蔓生，基部分枝3～5条，茎节间长约20厘米，小叶长13～15厘米，宽8～10厘米，绿色。主蔓第5～6节开始着生花序，花色白，翻花结荚能力强，每个花序可连续结荚6个，豆荚淡绿色，圆形，头尾大小均匀，平均荚长65厘米，最长可达100厘米，横径0.9～1.2厘米，单荚重25克。肉厚、纤维少、籽粒疏，种子不易显露，色白。耐运输，耐高温，采收期长。亩产量2000千克以上。

（十二）‘未来领秀’

江西赣农种业有限公司育成。早熟。叶片中等，主蔓第3～4节开始结荚，分枝弱、短，主蔓、侧蔓均有荚，结荚率高且结荚时间集中。豆荚匀称，肉质粗厚，无鼠尾，尾部近圆润，长约70厘米，淡绿白色有光泽，不显籽，稍耐低温，耐热，适应性广，采收期长，耐贮运。亩产量可达2000～4000千克。

第三节　栽培模式与季节

海南豇豆主产区主要在三亚、乐东、澄迈、陵水和海口五地，播种面积占全省的70%以上（表2-1）。

表2-1　2019—2022年主产区市县豇豆播种面积情况表

单位：万亩

地区	2019—2020年	2020—2021年	2021—2022年
三亚	5.47	5.74	6.05
乐东	7.00	6.20	3.70
澄迈	3.10	3.20	3.20
陵水	0.66	1.07	0.85
海口	1.78	1.45	1.02
全省	23.62	24.00	20.85

注：数据来源于海南省农业农村厅。

一、栽培模式

海南豇豆以散户种植为主，规模小而散。多以冬春季露地搭架栽培为主，设施栽培刚刚起步，是今后豇豆生产的发展趋势。2022年和2023年上半年，海南省农业农村厅分别在乐东、三亚和海口开展“全覆盖式防虫网+”豇豆种植模式试点，并获得成功，于2023年下半年全面推广。

二、栽培季节

豇豆喜温耐热，不耐低温霜冻。海南北部地区适宜播种期为1月中下旬至9月上旬，南部地区全年可播种。每年12月至翌年4月是海南豇豆北运销售的最佳时期，因此，海南南部地区最好选择在10月上旬至12月下旬播种，海南北部地区则应选择在12月下旬至翌年1月中旬播种（表2-2）。

表2-2　海南冬春季豇豆播种时间表

地区	播种时间	始收时间
三亚	10月上旬至12月下旬	11月下旬至翌年4月
乐东	10月上旬至12月下旬	11月下旬至翌年4月
澄迈	12月下旬至翌年1月	翌年2月至4月
陵水	10月上旬至12月下旬	11月下旬至翌年4月
海口	12月下旬至翌年2月	翌年2月至5月

第四节 栽培技术

一、整地

海南地区土地的一个重要特点是偏酸，大部分地块的pH值在5.0～5.8，极不利于豇豆的正常生长。因此，必须重视对土壤的改良，尤其是pH值的调节。园地最好提前20天以上进行土壤处理，即深翻30厘米进行晒土，深翻前每亩撒石灰75～100千克或氰氨化钙40千克。土壤处理结束后即可耙平作畦。白仁类豇豆采用双行植，畦宽约160厘米（连沟）；采用单行植，畦宽约80厘米（连沟）。其他种类豇豆采用双行植，畦宽140～150厘米（连沟）；若采用单行植，畦宽约70厘米（连沟）。畦高均为30厘米。

二、施基肥

施足基肥可以改善土壤理化性状，有利于提高产量。沟施或穴施基肥，有利于幼苗根系及时吸收，促进植株早期的迅速生长，促使植株粗壮。基肥以农家肥等有机肥为主，每亩施用1000～2000千克腐熟的优质农家肥（有机肥或生物菌肥参照产品说明使用）和30～40千克高钾复合肥，三分之二于作畦前撒施，三分之一施入种植沟。禁止使用未经无害化处理和重金属含量超标的有机肥、城市垃圾、污泥和工业废渣。

三、地膜覆盖

地膜覆盖栽培技术是发展冬春季蔬菜生产的一项重要措施。它具有防杂草、保温增温、保水防涝、保肥增效、保持土壤疏松、增产增收等作用，同时也具有节水、省工、降低成本、促进早熟的作用。对于水源紧缺、杂草滋长、土质偏沙、温度偏低的地方，更应该实施地膜覆盖栽培技术。冬春季整地施基肥后最好用40～50厘米或110～130厘米的地膜覆盖。覆膜时，尽可能选晴朗无风的天气，地膜要紧贴土面，四周要封严盖实，尽量避免破损。有条件的可配套膜下滴灌。

可根据不同的需求，选择地膜类型。

①无色地膜：增温效果好，防草效果较差。

②黑色地膜：防草效果好，增温效果一般。

③银灰双色膜：增温、防草效果较好，而且对蚜虫有明显的驱避作用，但成本较高。一般用于名特优蔬菜和西甜瓜栽培。

④生物降解膜：增温、防草、保墒、保水保肥等效果较好，但成本非常高，是普通地膜的6～8倍。

四、直播与育苗

（一）种子处理

挑选饱满、无病虫害、无损伤和明显具有本品种特征的种子，播前晾晒半天或一天，严禁暴晒。可用种子重量0.5%的杀菌剂拌种（如50%多菌灵可湿性粉剂等）。亦可选择已用种衣剂处理好的商品豇豆种子。种子质量应符合GB 4404.2—2010的要求。

（二）直播

选晴暖天或“冷尾暖头”时播种。按事先确定的穴距，每穴点播3～4粒种子，播后覆盖一层2～3厘米厚的干细土（覆盖经消毒的营养土更佳），并覆盖干稻草或其他干杂草等，及时浇足水，若土壤过干可在播种后灌半沟水，采用滴灌供水则以土壤刚好湿润为标准。白仁类豇豆每亩用种量1.0～1.5千克，其他种类每亩用种量1.5～2.0千克。

（三）育苗

海南北部地区早春播种常会遇上低温阴雨天气，造成种子发芽慢甚至霉烂，因此可以考虑采取育苗移栽。豇豆根系再生能力差，最好采用育苗袋或穴盘育苗以便移栽时尽可能少伤根，且一般选用生理苗龄3～4片真叶，日历苗龄10～12天为好。选择晴天或“冷尾暖头”移栽。壮苗的标准为子叶完好、无病虫，叶色浓绿，叶片肥厚、健壮，适应性强，第一对真叶微展。

定植时，宜选晴朗天气的下午进行。栽的深度不能过深，以免豆苗陷入穴内，引起积水烂根；但也不能过浅，以免造成根系外露而影响成活。定植后浇足定根水，5～7天缓苗后浇缓苗水。防止幼苗高温暴晒，引起死苗。

（四）种植密度

冬春季栽培：白仁类豇豆穴距30厘米，每亩种植约3100穴；其他种类豇豆穴距20～25厘米，每亩种植约4500穴。

夏秋季栽培：白仁类豇豆穴距40厘米，每亩种植约2100穴；其他种类豇豆穴距30厘米，每亩种植约3100穴。

五、田间管理

（一）查苗补苗

幼苗第一对真叶微展或移栽缓苗期时，应及时进行查苗补苗并间去多余的苗，一般每穴留1～2株健壮苗。

（二）肥水管理

在生长前期（结荚前），豇豆比其他豆类更容易出现营养生长过盛的问题。在生长后期（结荚后），豇豆的营养生长和生殖生长矛盾更加剧烈，既要大量地、连续地开花结荚，又要继续发根长叶和爬蔓，为连续开花结荚奠定基础，二者的平衡关系很难把握，很容易出现“伏歇”或早衰问题。因此，调节营养生长和生殖生长的平衡关系是豇豆丰产的关键。生产管理上，主要掌握“先控后促”的原则，通过肥水供应、整枝摘心、及时采收等措施，进行综合调节，防止徒长、早衰和落花落荚，减缓“伏歇”现象。

结荚前以控水、中耕、保墒为主，进行适当蹲苗，促进发根和茎叶稳步健壮生长。结荚前控制浇水，保持土壤不干旱即可。第一批豆荚坐稳后，在晴朗的天气条件下，及时灌（滴）第一次大水，并保持土壤不干旱至主蔓上约三分之二花序开花后再灌（滴）第二次大水，此后土面稍干便灌（滴）水，田间持水量宜保持在60%～70%。雨天及时排水，做到雨过地干，沟底不见明水。

幼苗第一对真叶展开后至抽蔓前根据幼苗生长情况可追施1～2次促苗肥，每亩每次追施三元复合肥5千克或0.1%～0.3%的腐熟人畜粪尿等。第一花序豆荚坐稳后，结合灌（滴）第一次大水，每亩追施三元复合肥10千克。

主蔓上约三分之二花序开花后，结合灌（滴）第二次大水，每亩追施三元复合肥10千克、尿素5千克和硫酸钾5千克。

进入采收盛期后，每隔10天左右每亩追施5千克尿素和5千克硫酸钾，且每隔7天喷施一次叶面肥，可选用0.3%磷酸二氢钾、0.1%硼砂、0.1%钼酸铵和1.8%复硝酚钠水剂5000倍液混合液喷雾。

（三）中耕除草

苗出齐后，不覆盖地膜的地一般10天左右进行一次中耕除草，但植株开花结荚后不宜再进行中耕，杂草只能用手拔除。覆盖地膜的地在畦的侧面长出一层较密的嫩草后及时喷洒草铵膦等药剂进行灭草。

（四）搭架

当植株长出5～6片叶时要及时插架，人工引蔓上架。常采用人字架（图2–1）或人字混合架（图2–2）。人字架的搭架方法是：先在每个种植穴边各插上一根竹子，接着把所有相对的两根竹子沿种植畦的横向两两交叉绑成“人”字型，再用绳子或铁丝从顶部沿种植畦的纵向连起来并在两端打桩固定即可。人字混合架的搭架方法是：先在种植畦上每隔120～140厘米用四支竹子搭成一个双“人”字型的主架，再用绳子或铁丝从主架顶部连起来并在两端打桩固定，主架靠工作沟两侧离地25～30厘米处也用绳子连接起来，主架之间每隔15～20厘米用绳子将上下两条线连起来即可。此外还有三星鼓架（图2–3）。

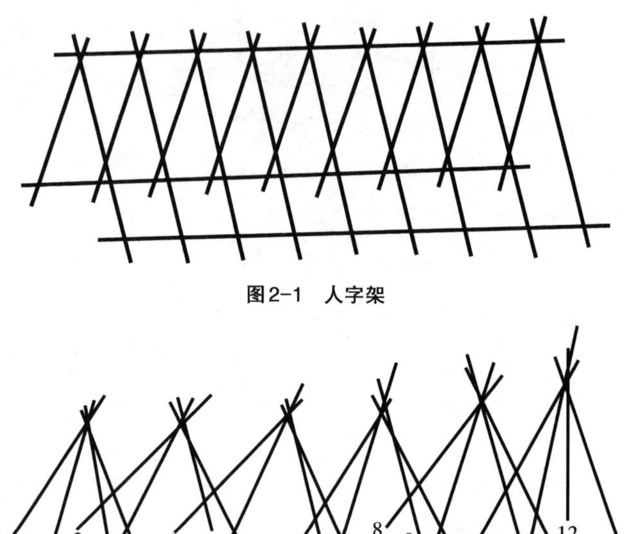

图2–1　人字架

图2–2　人字混合架

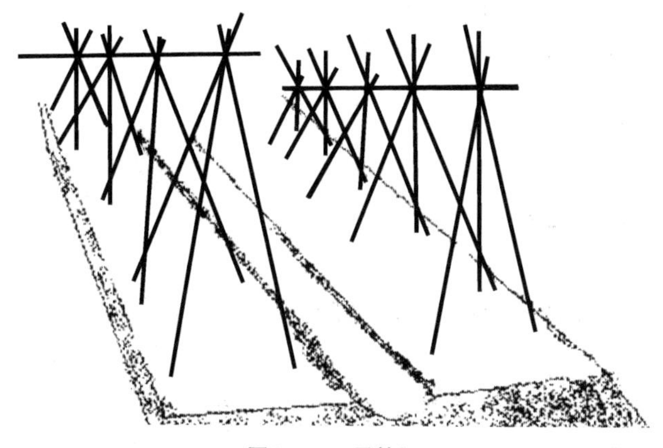

图2-3　三星鼓架

（五）植株调整

豇豆侧枝多，需及时整枝、抹芽、摘心，以改善群体通风透光性能，调节秧果平衡关系。主蔓第一花序以下的侧芽要及早彻底去除，以保证主蔓粗壮。主蔓第一花序以上各节位的侧枝都应在早期留2~3叶摘心，促进侧枝形成第一花序。主蔓满架后及时摘心，促进下部侧枝开花结荚。矮生豇豆在植株出现侧枝时留2~3叶摘心，可显著提高坐荚率。引蔓工作在晴天的下午进行，引蔓方向为逆时针方向。当植株生长过旺时，可适当整枝、打顶或疏叶。

植株徒长时，可通过控水控肥，喷施植株生长调节剂进行植株生长调控。

（六）主要病虫害

主要病害有枯萎病、根腐病、炭疽病、锈病、煤霉病及白粉病等。

主要虫害有蚜虫、普通大蓟马、豇豆荚螟、斑潜蝇及甜菜夜蛾等。

六、采收

冬春播豇豆开花后8～10天即可采收，夏秋播豇豆开花后6～8天即可采收。嫩荚采收标准为种子刚刚显露未明显膨大。采收工作应在早晚进行，注意不要损伤花芽花序。

采收结束后及时将田间残枝败叶、杂草和地膜清理干净，集中进行无害化处理，保持田园清洁，以减少病虫源。

第五节　豇豆“全覆盖式防虫网+”应用技术

一、意义

海南位于我国热带地区，享有得天独厚的地理和气候条件，常年日照充足，温湿度适宜，是我国重要的冬季瓜菜生产基地。豇豆是海南冬季种植的主要蔬菜之一，也是当地农民收入的主要来源。但在海南高温高湿的气候条件下，病虫害易发生，且发生频率呈逐年上升趋势。

海南豇豆常见虫害包括普通大蓟马、斑潜蝇、豇豆荚螟、粉虱、红蜘蛛、蚜虫、甜菜夜蛾等。常见的病害有白粉病、锈病、炭疽病、斑点病、褐斑病等。农户对豇豆病虫害的防控过度依赖于使用化学药剂，在生产过程中，过量用药、频繁用药、乱用药的现象普遍发生，导致豇豆农药残留超标。防控豇豆的重要害虫普通大蓟马和潜叶蝇时使用的农药最为频繁，常用灭蝇胺、吡虫啉、甲维盐、倍硫磷、氯虫苯甲酰胺、虫螨·噻虫嗪、甲维·虫螨腈、乙基多杀菌素等药剂。目前豇豆农药残留超标的主要药剂有灭蝇胺、甲维盐、吡虫啉与倍硫磷等。

为了科学防治豇豆主要病虫害，海南省农业农村厅于2022年印发了《推广“防虫网+”技术控制豇豆害虫实施方案》（试点），在全省推广以“防虫网+”为主的技术路线，并于2022—2023年，分别在乐东、三亚和海口开展“全覆盖式防虫网+”豇豆种植模式试点，并获得成功。这对提高海南豇豆质量安全水平，减少农作物化学农药用药量，降低农业成本，促进农民增收，促进海南豇豆产业可持续发展，助力农民增收等具有重大意义。

二、技术要点

通过减少化学农药、化肥的用量和使用频次，采取生态调控技术、物理防控技术、生物防治技术和科学用药技术相结合的病虫害防治方法，达到科学防控豇豆病虫害、降低农药残留、提高质量安全水平的目的。

（一）生态调控与物理防控技术

一是以竹子或钢管为主材搭建可拆卸式防虫网平棚。防虫网平棚跨度8米，开间8米。采用直径8厘米左右的主材作为支撑主架；内部支撑主材直径6厘米左右，长度3.3米。棚内高度控制在2.7～3.0米（根据种植地地形调整）。横梁、纵梁采用ϕ4毫米镀锌钢绞线，四周边墙侧1.2米处用ϕ42毫米×2毫米×1200毫米镀锌圆管斜插到地里，采用紧线器（花篮螺栓）固定镀锌钢绞线。二是搭建全覆盖式防虫网。在整地搭架完成后覆40～60目防虫网，四周用土压实，整个生育期保持网棚全封闭，工人进出网棚后及时封闭网棚，全程阻隔普通大蓟马、斑潜蝇、粉虱等。三是豇豆采收结束后，在水田地种植水稻进行水旱轮作，在坡地种植非豆科作物进行轮作。四是深沟高畦栽培，使用银灰色地膜阻隔害虫入土化蛹和防治杂草。五是在初花期、初果期以及极端不良天气时期喷施氨基寡糖素等免疫诱抗剂（使用5%的氨基寡糖素水剂800倍液喷雾，具体喷施次数依据天气而定）或芸苔素内酯等植物生长调节剂，起到保花保果、提高豇豆抗病性的作用。六是在田间设置全降解黄蓝诱虫色板诱杀普通大蓟马、斑潜蝇、粉虱等害虫，同时可用于监测虫害发生情况，开展科学防控。诱虫色板可在整个生育期使用，用于监测时要及早悬挂，胶板底边距离作物顶部15～20厘米，之后随植株生长提高诱虫色板位置。用于防控时，可在害虫发生时期每亩悬挂50片以上的诱虫色板，使其均匀分布在田间。

（二）品种选择及种子处理技术

一是选用对光照敏感且抗性强的豇豆品种，种植前根据地区气候选择适宜品种，建议进行品种试种，筛选适宜品种。二是播前剔除破粒、病粒、杂粒，种子用62.5克/升精甲·咯菌腈悬浮种衣剂拌种，方法为每100千克种子用300～400毫升制剂拌匀，减少苗期土传病害。三是全覆盖式防虫网大棚会阻隔小部分阳光，为保证产量，要适当加宽豇豆间距，保持适宜的豇豆种植密度，较常规露地种植减少用种10%左右。

（三）施肥管理技术

结合整地、施肥进行土壤处理，一是增施（生物）有机肥改良土壤，每亩增施500～1000千克，补充豇豆整个生育期用肥需求。二是施用枯草芽孢杆菌、解淀粉芽孢杆菌等生防菌剂防治根腐病、枯萎病等病害。三是安装水肥一体化设施，定期、定量施用大量或中量水溶性肥料，大棚豇豆适当减少氮肥、磷肥用量，同时结合生产实际选择合适的叶面肥补充施肥，以提高肥料利用率及补全作物所需营养元素。

（四）科学用药技术

科学选用豇豆上登记的药剂，按照“压前控后”原则，注意轮换使用内吸性、速效性和持效性等不同的药剂。“全覆盖式防虫网+”防控豇豆主要病虫害技术示范区幼苗期不使用或仅使用1～2次杀虫剂；抽蔓期着重防控网棚内豇豆的徒长；开花结荚期是防治普通大蓟马、斑潜蝇、豇豆荚螟的关键时期，重点采用高效、低毒化学农药压低田间虫口基数；采收期使用乙基多杀菌素、苦参碱、金龟子绿僵菌等生物农药。施药严格遵守安全间隔期，施药时间以花瓣张开且普通大蓟马活动较为活跃的上午9点以前为宜，注意周边的地面、植株上下部以及叶片正反面都要喷到药液。

思考题

1. 豇豆有哪几种类型？
2. 豇豆植株调整的意义是什么？
3. 豇豆“全覆盖式防虫网+”应用技术有哪些技术要点？

第三章　菜豆标准化栽培技术

本章提要与学习指导

本章讲述了菜豆的生物学特性、类型与品种、栽培季节、栽培技术。重点学习菜豆的类型与品种、栽培季节和栽培技术。

菜豆（*Phaseolus vulgaris*），属于豆科菜豆属，俗称芸（云）豆、架豆、四季豆、玉豆等，一年生草本植物，起源于中南美洲，我国作为次级起源中心于16—17世纪从美洲引入。菜豆豆荚营养丰富，富含碳水化合物、蛋白质、膳食纤维、维生素和矿物质等，是我国食品加工工业的原料，也是出口创汇的优质农产品。云南、贵州、河北、黑龙江、北京等地均有大量出口。菜豆可供煮食、炒食、凉拌，还可以进行干制、速冻等加工，是一种鲜嫩可口，色、香、味俱佳，营养丰富的优质蔬菜，也是制罐和脱水菜的好原料。菜豆在豆类中的栽培面积仅次于大豆，占全球食用豆产量的50%，是重要的食用豆类之一。我国菜豆种植面积较广，各省份均有分布，具有一定的区域性。

菜豆既可露地栽培，又可网棚栽培。菜豆在海南栽培较为普遍，以秋、冬、春3个季节为主，是海南冬春季生产的主要种类之一。海南省农业农村厅近几年的统计数字表明：海南省菜豆栽培面积4万～10万亩，主要运往内地100多个大中城市及港澳地区，为海南新农村建设和全国的“菜篮子”工程建设做出了巨大的贡献。

第一节　生物学特性

一、植物学特征

（一）根

菜豆根系较深，吸收能力强，具有一定的耐旱能力。成株主根深达60厘米以上，主要根群分布在15～40厘米土层内。主根系不明显，根颈处常分生出几条粗细与主根相近的侧根。

（二）茎

菜豆的茎草质，茎上被有短柔毛，绿色，少数为深紫色。依茎的生长习性，可分为矮生（有限生长）和蔓生（无限生长）两类。也有少数介于矮生和蔓生之间的半蔓生类型，蔓长1米左右，因产量不高，栽培较少。矮生种主茎直立，高30～50厘米，主茎伸长4～8节后，生长点分化为花芽而封顶。主茎各节均能抽生出4～6条侧枝，侧枝长至1～5节后，生长点也分化成花芽封顶，故称为有限生长型。蔓生种生长势较强，茎蔓呈左旋缠绕支架，在适宜条件下，主蔓可不断向上生长，长达2～4米，侧枝发生较少。主蔓自4～6节后节间开始伸长，节间陆续抽生花序。同一茎节上，侧枝和花序发生相互抑制，抽生侧枝的节位花芽常发育不良，侧枝上各节也能分化花芽而抽生花序，故称为无限生长型。

（三）叶

子叶一般为绿色，少数品种为紫色或底色为绿色附有其他颜色的条纹。第一对真叶为心脏形，单叶对生。以后的真叶为三出复叶，互生，小叶片近似心脏形或阔卵形，个别为宽披针形。在叶柄基部有2片舌状小托叶。

（四）花

菜豆的花为蝶形花，花长1.0～1.5厘米。花器有萼片2枚、花瓣5枚、雄蕊10个、雌蕊1个、子房1室。花有白色、淡红色、紫红色等。是典型的自花授粉作物，自然杂交率极低。

总状花序腋生。蔓生早熟品种从2～5节起，晚熟品种从6～8节起，主蔓每节叶腋处逐次向上抽生花序；侧蔓从第一节叶腋起，逐次向上抽生花序。矮生种主茎先端最早形成花序，侧枝从基部向上逐次形成花序。每个花序有4～8朵花，个别品种可达10～20朵。主茎和侧枝中下部花序的花数较多，蔓生种全株有80～200朵花，矮生种有30～80朵花。蔓生种花序开花顺序较规则，矮生种开花顺序不规则。每朵花开放期为2～3天，每个花序开花期可持续5～10天。

（五）果实

果实为荚果，俗称豆荚，其大小、形状、颜色因品种而异。一般荚长8～28厘米，宽0.8～2.4厘米，厚0.4～1.2厘米，单荚重4～22克。豆荚外形为长、短圆棍形或宽、窄扁条形。嫩荚外皮为绿色、浅绿色、浅黄色、红色或紫红色等。老熟豆荚外皮多数转为黄白色、黄褐色。

（六）种子

菜豆种子俗称豆粒，为无胚乳种子。种子形状有肾形、扁圆形、椭圆形、圆球形等。种皮有白色、黑色、褐色、紫红色等，有的带有花斑纹。千粒种子的重量有些在300克以下，有些在500克以上。种子寿命3～5年，使用年限2～3年。新种子表皮光亮，脐白色，子叶白黄色并与种皮紧密相连；陈种子表皮深暗无光泽，脐色发暗，子叶深黄色或土黄色且易与种皮剥离。

二、生长发育周期

菜豆的生长发育周期可分为发芽期、幼苗期、抽蔓期和开花结荚期4个阶段。蔓生菜豆的生长发育周期为100～130天，矮生菜豆为80～90天，具体天数因品种、栽培季节和栽种条件等因素而有所差异。

（一）发芽期

从种子萌动至第一对真叶展开为发芽期，需10天左右。发芽期要求温度为20～25摄氏度，土壤相对湿度为60%～80%和充足的氧气。此时期生长主要靠分解子叶贮藏的养分。因此，种子质量、种质贮藏条件和贮藏年限将直接影响出苗率和出苗整齐度。

（二）幼苗期

从第一对真叶展开至第4～5片复叶展开为幼苗期，需20～30天。此时期主要是根、茎、叶的营养生长时期，同时也是花芽开始分化的时期。此时期根系生长较快，且开始木栓化，茎、叶生长较缓慢，节间较短。矮生种需10～15天，复叶展开时，在第一对真叶叶腋处开始花芽分化，当植株展开第4～8片复叶后，主茎顶端形成花芽封顶。蔓生种需15天左右，在第一对真叶叶腋处开始花芽分化，但直到第4～5片复叶展开以后，花芽才能正常发育，开花结荚。

（三）抽蔓期

从第4～5片复叶展开至现蕾为抽蔓期，需10～15天。只有蔓生种才有抽蔓期。这个阶段茎叶生长迅速，主蔓节间开始伸长，形成长蔓缠绕生长，并孕育花蕾。此时期植株容易徒长，可通过植物生长调节剂控制。

（四）开花结荚期

从开始开花到结荚结束为开花结荚期，矮生种需40~50天，蔓生种需50~70天。菜豆开花后经过15天左右，豆荚可基本长成。采收期持续时间长短因品种、栽培季节和栽培条件而异。矮生种嫩荚采收期为30~40天，蔓生种为40~60天。

三、对环境条件的要求

（一）温度

菜豆为喜温蔬菜，不耐高温和霜冻。矮生种比蔓生种稍耐低温。种子发芽适温为20~25摄氏度，35摄氏度以上和8摄氏度以下不易发芽。幼苗生长适温为15~25摄氏度，低于8摄氏度严重影响生长。花芽分化和开花结荚期的适温为20~25摄氏度，低于15摄氏度或高于30摄氏度均易落花落荚。根系生长的最适土壤温度为23~28摄氏度，低于10摄氏度时根少而短，基本不着生根瘤。当温度过高时，豆荚变短或畸形，有些品种的豆荚中果肉增厚、纤维增多、品质降低。低温弱光时，坐荚数减少，豆荚空瘪，籽粒减少，产量显著降低。

（二）光照

菜豆喜光、不耐弱光，光饱和点为25000~40000勒克斯，光补偿点为1500勒克斯。在弱光条件下，植株易徒长，分枝少，叶片薄，落花落荚严重，特别是开花结荚期的菜豆，遇到连续阴雨天气时容易引发落花。弱光对产量的影响比低温更严重。

菜豆品种多属于中光性，对光照长度要求不严格，一年四季均可栽培，各地可以相互引种。

（三）水分

菜豆喜湿、怕涝、较耐旱，适宜土壤相对湿度为60%～70%。菜豆根系比较发达，侧根多，可从土层深层吸收水分，从而表现出一定的耐旱能力。土壤严重干旱时，根瘤数量和根瘤菌活性会降低，导致植株矮小、开花数减少、豆荚小，产量和品质大幅度降低，甚至失收。菜豆根系生长和根瘤菌活动需氧量高，不耐涝，湿度过大时，下部叶片提早黄化，落叶、落花、落荚增加，产量会大幅度下降。一般水浸没畦面超过24小时就会引起叶片萎蔫、根系腐烂，最终导致植株死亡。

菜豆在开花结荚期对空气湿度要求较严格，表现为喜湿、怕旱、不耐高湿等，适宜空气湿度为60%～90%。土壤湿度达到70%左右，有利于植株生长、根瘤形成和产量增加。海南地区除炎热夏季个别天数外，均可达到菜豆开花结荚期对空气湿度的要求。

（四）土壤及营养

与其他豆类蔬菜相比，菜豆耐盐碱能力较差，对土壤条件的要求较高。有机质含量高、土层深厚、排水良好的壤土或砂质壤土，有利于根系生长和根瘤菌活动，有利于实现高产优质。适宜的土壤pH值为6.2～7.0。

菜豆的整个生长发育期从土壤中吸收钾最多，其次为氮和钙，磷最少。虽然菜豆的根瘤形成后可以固定空气中的氮来为植株提供氮肥，但在生长初期和后期需氮量较多（特别是蔓生种），因此仍需要适量增施氮肥。菜豆对磷肥的吸收量虽然不大，但对缺磷极为敏感。缺磷会导致生长不良，开花结荚数及每荚籽粒数减少。菜豆栽培过程中还要注意追施钙、硼、钼等中微量元素。

第二节　类型与品种

一、类型

（一）根据豆荚壁纤维发达程度分

菜用菜豆，也称为嫩荚菜豆，荚壁肉质，粗纤维少，主要食用部位为嫩荚。

粮用菜豆，也称为粒用菜豆，荚壁薄，粗纤维多，种子发育很快，主要以种子供食用。

（二）根据茎的生长习性分

矮生种，也称地豆或有限生长型。株高30～50厘米，茎直立，基部节间短，仅2～3厘米，上部节间稍长，主茎伸长4～8节后开花封顶，属有限生长类型。开花和成熟早，播种至始收仅需40～60天，收获期短且比较集中，但产量较低，品质较差。

蔓生种，也称架豆或无限生长型。主茎蔓生，适宜条件下可不断向上生长，且呈左旋缠绕支架。节间长，长势强，主茎自4～6节后开始抽蔓，可达50～60节，高度2～4米。成熟期较晚，播种至始收需50～80天，收获期长，产量高，品质比较好。

半蔓生种，这一类型在生产上用得很少。

二、优良品种介绍

菜豆品种选用要根据市场销售情况和消费者习惯，宜选择抗病、优质、高产、耐贮运、商品性好、符合市场平均增长需求的品种。冬季栽培宜选择蔓生种，夏季栽培宜选择矮生种。

（一）矮生种

1.‘优胜者’

从美国引进。早熟，植株矮生，株高38厘米，开展度44～46厘米，分枝力强，生长势中等，主蔓5～6节封顶。花淡紫色。嫩荚近圆棍形，荚尖端稍弯曲，浅绿色，荚长14.8厘米，横径1厘米。单荚重8.6克，百粒重40克。播种后60天开始采收嫩荚。抗病毒病和白粉病，适应性强。亩产1000～1300千克。

2.‘苏菜豆7号’

中熟，株型直立，有限结荚习性。出苗势强，叶片绿色，卵圆形。花紫色，嫩荚扁棍形，荚绿白色，结荚集中。株高52.9厘米左右，主蔓始花节位4～6节，荚长15.7厘米，横径0.9厘米，单荚重7.5克。播种至采收嫩荚需50天，采收期为25天，全生育期为90天，抗叶霉病、根腐病和病毒病，亩产800～1200千克。

3.‘佳绿’

早熟，属矮生无支架类型，株高45厘米，侧枝7或8个，叶簇生，叶片浓绿，花冠紫色。结荚集中，荚形美观。荚长17厘米，浓绿色，单荚平均重15克。豆荚圆棒形，纤维少，肉质柔嫩、耐老，抗锈病、白粉病能力强，商品性好，亩产1000千克左右。

4.‘翼芸2号’

早熟，植株矮生，生长势中等。株高42～45厘米，每株有效花序4或5个，单株平均结荚17条。嫩荚浅绿色，长扁条形，长14～16厘米，横径1.4厘米，厚9.5毫米，单荚重9～11克。纤维少不易老化，品质优，耐寒，抗病毒病，播种至采收嫩荚需53天左右，商品性好，亩产1400～1800千克。

5.‘美国供给者’

植株矮生，生长势强，株高40厘米，主茎长至5～6节出现封顶花序，主茎有3～5个分枝。荚长12～17厘米，单荚重8克左右，每株可结荚16～18个。适宜春季保护地栽培，也适宜与粮菜间作、套作。一般亩产1000～1500千克。

（二）蔓生种

1.‘玉豆’

从广东引进。早熟，植株主蔓长，侧蔓较多。小叶卵形，长12厘米、宽9厘米，绿色。主蔓8～9节后开始着生花序，花白色。荚长18厘米，横径1厘米，浅绿色。单荚重9～11克。纤维少，品质优。种子肾形，种皮浅黄色。耐寒，抗锈病能力较强。亩产1000～1300千克。

2.‘12号玉豆’

从广东引进。中熟，植株生长势强，分枝力强。叶厚色绿，抗寒、抗锈病能力较强，能连续坐果。豆荚端直，粗圆，浅绿色，荚长18厘米左右，单荚重9～12克。播种后50天左右即可采收，亩产1200～1500千克。

3.‘泰国架豆王’

中熟，蔓生，生长旺盛。叶色深绿，叶片肥大。自然生长株高350厘米，有5条侧枝，侧枝继续分枝。花白色，第一花序着生在第3～4节，每个花序开4～8朵，结荚3～6个。荚绿色，荚形圆长，荚长超过30厘米，横径1.1～1.3厘米，单荚重30克，单株结荚70个左右。播种至采收嫩荚需75天左右，嫩荚无筋、无纤维、荚肉厚，品质鲜嫩，商品性好，是一个高产抗病的优良品种，适合全国各地种植。亩产3000～4000千克。

4.‘长白7号’

豆荚表面光滑，无羊皮纸膜，背腹线短，肉厚，质脆嫩。主要在长江中下游地区推广种植，适宜春、秋两季栽培。春播，生育期为88～106天，采收期为21～30天；秋播，生育期为81天左右，采收期为27～29天。耐热性、抗逆性较强，较抗病毒病和叶霉病，商品性好。春播亩产1500千克左右，秋播亩产1100千克左右。

5.‘29号玉豆’

早熟，植株蔓生，侧蔓萌发力中等。主蔓第5～6节开始着生花序，花白色，每个花序结荚5～7条。嫩荚棒形，荚长约14.2厘米，横径1.15厘米，厚约0.9厘米，荚浅绿色，单荚重约15克。品质优、耐贮运，最适宜出口及北运。耐寒、丰产、抗性强。初春播种至采收嫩荚需65～70天，秋季播种至采收嫩荚需47～50天，可延续采收25天左右。抗锈病能力较强。荚形整齐，结荚多。亩产1200～1400千克。

6.‘丰收一号’

从泰国引进。中熟，植株蔓生，生长势强，分枝多。每个花序结荚5～6个；嫩荚绿色，荚弯曲似镰刀形，荚长21.8厘米，横径1.4厘米，厚0.8厘米，荚面略有凹凸不平，其横断面扁圆形。种子肾形，乳白色，百粒种子重36.4克左右。播后60天左右采收。嫩荚肉较厚，纤维少，不易老，抗病，较耐热，品质好。亩产2500～3000千克。

7.‘双丰2号’

极早熟，植株蔓生，株高约3米，有侧枝2～3个，主蔓第一花序着生在第2～3节，主蔓有20节左右。叶深绿色，白花。每一花序坐荚2～4个，单株结荚20～30个。嫩荚圆棍形、深绿色，荚长18～22厘米，横径1.1厘米，单荚重15～18克，肉厚，纤维少，品质好。种皮黄色，带有不明显的花纹，种子肾形，稍扁。春季播种至嫩荚始收需55天，秋季需45天，嫩荚收获期为

30天左右，生长期为85～90天。耐热性强，抗锈病、炭疽病和枯萎病能力强。春季亩产2200～2500千克，秋季亩产1500～2000千克，前期产量高。

8.‘长丰38号玉豆’

具有植株长势旺盛，分枝力强，耐热，耐寒，抗锈病，翻花能力强，高产等优点。适宜生长温度为15～35摄氏度，产量高，播种后55～60天开始采收。可连续采收60天以上，豆荚圆直，翠绿色，长约22厘米。亩产2500～3000千克。在华南地区春秋两季都可种植，是适宜“南菜北运”的玉豆品种之一。

9.‘新西兰12号玉豆’

早中熟，植株蔓生，长势健旺，分枝力强，耐寒，抗锈病，耐瘦瘠，栽培容易，结荚早、多，翻花能力强，荚形半扁圆、端直美观，成荚率高，商品率高。荚长22厘米左右，浅绿色，品质优良，纤维少，脆嫩爽口，耐贮运，产量高。亩产约4000千克，播种后50天左右开始采收，采收时间长，是适宜“南菜北运”的品种之一。

10.‘荷兰39号玉豆’

植株长势旺盛，分枝力强，豆条长直、扁圆，荚面光滑，豆荚大小整齐一致，荚形美观，油白色，有光泽。具有良好的抗热性、耐寒性，初生结荚节位低，耐贮运，产量高。亩产2500～3000千克，是当前玉豆市场中的优良玉豆品种。

11.‘益农38号玉豆’

具有植株长势旺盛，分枝力强，耐热，耐寒，抗锈病，翻花能力强，高产等优点。适宜生长温度为15～35摄氏度，产量高，播种后55～60天开始采收，可连续采收60天以上。豆荚圆直，翠绿色，长约22厘米，亩产2500～3000千克。在华南地区春秋两季都可种植，是适宜“南菜北运”的玉豆品种之一。

12.‘优秀全能王无筋架豆’

早熟，比一般架豆提前10天采收。结荚率高，荚型顺直美观。生长势强，植株分枝力强，主蔓可分6～8条侧枝。株距50～60厘米，每穴双粒播种，亩用种量2.5～3.0千克。产量高，坐果率高。每个花序结荚5～8个，荚长35厘米左右。翻花能力强，商品性一流。荚面光滑，颜色翠绿，肉质厚，头尾均匀，无筋、无纤维，耐贮运。亩产2500～4000千克。

第三节　栽培季节

海南菜豆种植在2010年以前，主要集中在乐东、三亚、陵水、东方和儋州5个市县，随着其他瓜菜作物发展以及冬季瓜菜产业结构调整，2016年后主要产区也发生较大变化，年种植面积下降到4万亩左右，特别是乐东菜豆年种植面积从4万多亩减少到不足1万亩。

表3-1　海南近5年菜豆播种面积情况表

单位：万亩

地区	2018—2019年	2019—2020年	2020—2021年	2021—2022年	2022—2023年
全省	7.49	7.69	8.00	4.69	3.53
乐东	4.50	4.50	1.20	1.00	0.50
三亚	0.05	0.12	0.22	0.14	0.12
海口	0.31	0.15	0.21	0.31	0.11
文昌	0.41	0.44	0.41	0.49	0.63
儋州	0.40	0.80	4.00	0.09	0.08
万宁	0.30	0.45	0.45	0.63	0.45
琼海	0	0.60	0.50	0.50	0.50
澄迈	0.40	0.15	0.15	0.15	0.10
东方	0.15	0.08	0.09	0.04	0.04
陵水	0.25	0.14	0.25	0.25	0.10
定安	0.44	0.13	0.23	0.64	0.52

注：数据来源于海南省农业农村厅。

海南菜豆以散户种植为主，规模小而散。多以冬春季露地搭架栽培为主，以蔓生型为主。菜豆喜温，不耐低温霜冻，同时又怕高温多雨。因此，菜豆的栽培季节的选择应以避开霜期和不在最炎热时期开花结荚为原则。一般安排在8月中旬至翌年2月上旬播种，最佳播种期为9月至翌年1月。在冬季播种时必须注意减少强冷阴雨天气的影响。

表3-2　海南冬春季菜豆播种时间表

区域	播种时间	始收时间
琼南	9月下旬至12月下旬	11月下旬至翌年4月
琼北	12月上旬至翌年2月下旬	翌年2月上旬至4月
琼东	10月下旬至翌年1月	12月下旬至翌年4月
琼西	10月上旬至12月下旬	12月上旬至翌年4月

第四节　栽培技术

一、选地及整地

菜豆宜选择土层深厚、通透性良好的壤土或砂壤土栽培，土壤微酸性或中性，并与其他豆科作物实行2~3年轮作。

土壤要深翻、耙细、整平，避免局部积水引起烂根死苗。整地与施基肥相结合，整地时每亩撒施或沟施1000~2000千克腐熟农家肥或商品有机肥、40~50千克高钾复合肥。酸性和缺钙的土壤在整地时每亩适当施用50千克生石灰或40千克氰氨化钙。

施基肥后要及时作畦，矮生种一般畦宽100~130厘米（连沟），蔓生种畦宽140~150厘米（连沟），双行植。

二、地膜覆盖

地膜覆盖是发展冬春季蔬菜生产的一项重要措施。它具有防除杂草、增温保温、保水防涝、保肥增效、保持土壤疏松、增产增收等作用，同时也具有节水、省工、降低成本、促进早熟的作用。对于水源紧缺、杂草滋长、土质偏沙、温度偏低的地方，特别是琼北地区，更应该实施地膜覆盖栽培。冬春季整地施基肥后最好用宽为80～120厘米的地膜覆盖。覆膜时，尽可能选晴朗无风的天气，地膜要紧贴土面，四周要封严盖实，尽量避免破损。有条件的可配套采用膜下滴灌技术。（选用地膜类型可参照豇豆标准化栽培技术）

三、播种

菜豆根系再生能力差，一般进行直播。但为便于倒茬、提高土地利用率，特别是冬季土壤温度低，直播难以保证出苗率时，生产上也可育苗移植。菜豆育苗时应注意苗龄不宜过大，当第一对基生叶展开时（一般在播种后10天左右）就应及时定植，否则移苗时会损伤大量根，影响植株生长。

播种前先进行种子处理。选粒大、饱满、有光泽、无机械损伤、无虫咬及无病的种子，播前用1%甲醛溶液或10%磷酸三钠溶液浸种，可防治苗期灰霉病，以及消灭种子携带的其他病毒。若种子包装完好无损，且经过包衣处理，则无需用药剂处理。

菜豆播种采用开沟或挖穴点播。矮生种行距50～60厘米，株距15～20厘米，每亩用种3～4千克，每穴保留2～3株健壮苗；蔓生种行距70～80厘米，株距25～30厘米，每亩用种约2千克，每穴保留2株健壮苗。冬春季播种后遇较长时间的低温或土壤水分过多都会引起烂种，可用薄膜进行覆盖，防寒防雨。播种后覆土不宜太深，否则不易出苗，容易造成烂种。播种后及时浇水，沟灌以沟深1/2为宜，切忌漫灌过畦面，避免造成烂种缺苗。

四、田间管理

（一）苗期管理

大部分幼苗在第一对真叶展开时进行查苗，针对缺苗、基生叶受伤或病苗，要从苗多的地方移苗补植。对苗多的孔穴，应保留无病虫斑、健壮的秧苗。此时以控水控肥为主，保证根系深扎土层，促进壮苗。土壤过干，植株生长缓慢，花芽发育不良，幼苗老化；土壤过湿，茎叶生长过旺，易徒长，引起落花，造成减产。

（二）搭架引蔓

菜豆开始抽蔓时每穴应插1根架材，多采用交叉人字架或平行人字架，架高约180厘米（搭架方式见豇豆搭架）。搭架后及时引蔓上架，引蔓时按左旋方向引蔓上架，使植株均匀分布在架杆上，有利于通风透气。若侧枝生长过多，可适当摘除部分侧枝和下部老叶。

（三）肥水管理

水分管理一般使用“干花湿荚”“浇荚不浇花”的做法，即开花结荚前以控水蹲苗为主，防止水分过多造成营养生长过旺。如果土壤过于干旱或植株长势较弱，可在开花前浇水1～2次。进入开花结荚期后，一般每5～7天浇水1次，使土壤持水量稳定在最大持水量的60%～80%。雨天要注意及时排除田间积水。

菜豆施肥的原则是：花前少施，花后多施，结荚盛期重施。幼苗期根据植株生长情况，可用10%～15%的腐熟人畜粪尿或0.5%的尿素追施提苗肥1～2次。矮生种在即将开花时，蔓生种在搭架前，每亩用10～20千克三元复合肥加硼砂250克结合培土沟施。结荚盛期每亩每次用三元复合肥15千克和钾肥5千克混施或高钾复合肥20千克追施。一般采收嫩荚1～2次追肥1次，共追施3～4次。冬季栽培时，结荚期还应在叶面喷施2～3次0.2%～0.5%的磷酸二氢钾加0.1%钼酸铵。

（四）病虫害防治

菜豆的主要病害有根腐病、锈病、炭疽病、细菌性疫病和病毒病等，主要虫害有蚜虫、豇豆荚螟、地老虎、豆秆黑潜蝇等。

（五）采收

矮生种菜豆播种后40～60天开始采收嫩荚，蔓生种菜豆播种后50～70天开始采收嫩荚。秋播菜豆采收较快，冬春播菜豆采收较慢。

菜豆进入生长后期，植株茎叶生长缓慢、结荚减少、叶片黄化、病叶过多。要及时摘除老叶、病叶，加强肥水管理，使植株萌发新的侧枝，恢复生长，继续开花结果，延长采收期，防止提早败秧。

思考题

1. 菜豆有哪几个生长发育周期？
2. 菜豆有哪些类型？
3. 菜豆的肥水管理要注意哪些方面？

第四章　豌豆标准化栽培技术

本章提要与学习指导

本章讲述了豌豆的生物学特性、类型与品种、栽培季节、栽培技术。重点学习豌豆的类型与品种、栽培季节和栽培技术。

豌豆是豆科豌豆属一年生或二年生攀缘草本植物。圆身的称为蜜糖豆或蜜豆，扁身的称为青豆、荷兰豆等。学界普遍认为豌豆起源中心为亚洲西部、埃塞俄比亚、地中海地区，演化次中心为土库曼斯坦等地区。在近东地区的新石器时代和瑞士湖居遗址中发现碳化小粒豌豆种子，表面光滑，近似现今的栽培类型。最早的豌豆有近东地区的耐干燥型和地中海地区沿岸的湿润型两类，前者可能是栽培品种的祖先。古希腊和古罗马人公元前就栽培褐色小粒豌豆，后来又将豌豆传到欧洲和南亚，16世纪欧洲开始分化出粒用、蔓生和矮生等品种并较早普及菜用豌豆。我国最迟在汉朝引入小粒豌豆。《尔雅》中的“戎菽豆”即为豌豆。东汉崔寔《四民月令》中有栽培豌豆的记载。明代高濂著的《遵生八笺》中有“寒豆芽”（寒豆即豌豆）的制作方法和做菜用的记述。

豌豆的嫩梢、嫩荚和籽粒均可食用，质嫩清香，富有营养，为人们所喜食。南方各省把嫩梢作为汤食和炒食的主要鲜菜之一；嫩荚多用于炒食或汤食；嫩籽粒除用作炒食或汤食外，可与粮食混合作为主食；干豆粒还可油炸、煮烂做菜食或加工成酱。嫩荚、嫩籽粒还可作为速冻和制罐头原料。在豌豆荚和豆苗的嫩叶中富含维生素C和能分解体内亚硝胺的酶，还含有较为丰富的膳食纤维，可以防止便秘，有清肠作用。豌豆与一般蔬菜不同，其所含的止杈酸、赤霉素和植物凝素等物质，具有抗菌消炎、增强新陈代谢的功能。豌豆含有丰富的维生素A原，维生素A原可在体内转化为维生素A，具有润泽皮肤的作用。

第一节　生物学特性

一、植物学特征

（一）根

豌豆具有豆科植物典型的直根系和根瘤菌。直根深入土中100~200厘米，主根上长有很多侧根，主、侧根均有根瘤，根部的根瘤菌多集中于土壤表层100厘米以内。播种前将经培养的根瘤菌与种子拌种，能增加产量。

（二）茎

茎一般为圆形，中空而脆嫩。矮生种节间短，直立，高仅20~60厘米，大多数品种分枝力弱，一般仅从茎基部分生2~3条侧枝。蔓生种节间长，缠绕，需立支架，高150~300厘米，部分品种分枝力强，在茎基部和中部都能分生侧枝（子蔓），侧枝上还能再分生侧枝（孙蔓），主侧枝均能开花结果。

（三）叶

叶互生，淡绿或浓绿色，或兼有紫色斑纹，具有蜡质或白粉。一般为羽状复叶，具有1~3对小叶，小叶长圆形或卵圆形，长3~5厘米、宽1~2厘米，全缘，顶生小叶变为卷须，能缠绕。叶柄与茎相连处附生有大似叶状的托叶2片，卵形，基部耳状包围叶柄。

（四）花

主枝始花节位随品种而异，矮生种为第3～5节，蔓生种为第10～12节，蔓生晚熟种为第17～21节。始花后一般每节都有花。花白色、粉红色或紫红色，总状花序腋生。花柱内侧有须毛，花柱与子房垂直，花药呈袋状包被在龙骨瓣的尖端，闭花授粉，花瓣蝴蝶形。

（五）果实

荚果浅绿色或深绿色，扁平长形，向腹部弯曲或稍直，先端钝或锐。荚长5～11厘米、宽2～3厘米，荚果有软硬之分。软荚种的内果皮柔软可食，成熟后干缩而不开裂；硬荚种的内果皮有一层似羊皮纸状的透明革质膜，必须撕除后才可食用，故一般只食青豆粒。老熟后荚开裂。

（六）种子

种子单行互生于果荚腹缝两侧，依品种不同种皮有皱缩和光滑两种。种子可呈圆形、圆柱形、椭圆、扁圆、凹圆形，每荚2～10颗，多为青绿色，也有黄白、红、褐、黑等颜色的品种。

二、生长发育周期

豌豆整个生长发育周期可分为出苗期、分枝期、孕蕾期、开花结荚期和灌浆成熟期。各生育期长短因品种、栽培条件、播种季节等不同而有差异。不同生育期有各自的特点，对环境的要求也各不相同。

（一）出苗期

种子初生根伸长后至子叶微展称为出苗期，一般需5～7天。所需时间的长短与播种后的温度、湿度、通气状况及覆土厚度等有关。出苗期生长所需的营养依靠种子本身贮藏的养分转化，只要有适宜的水分、温度和氧气条件，种子即可萌发。

（二）分枝期

豌豆在具有3～5片真叶时，分枝开始从基部节上发生，当生长到2厘米，有2～3片真叶展开时算作1条分枝。豌豆分枝能否开花、结荚及开花结荚数量主要取决于分枝长出的早晚及长势的强弱。另外，还和品种、播期和栽培条件有关。早出现的分枝一般长势强、积累养分多，大多能开花结荚。

（三）孕蕾期

进入孕蕾期的特征是主茎顶端已经分化出花蕾，并为下面2～3片正在发育中的托叶及叶片所包裹，揭开这些叶片能明显看到正在发育的花蕾。孕蕾期是豌豆一生中生长最快、干物质形成和积累最多的时期，此时期要通过肥水管理来协调生长与生殖的关系，对生长不良的要促，对长势过旺的要控，并保持通风透光，减少落花落荚。

（四）开花结荚期

豌豆边开花边结荚，从始花到终花是豌豆生长发育的盛期。这期间，需要充足的水分、养分和光照，以保证叶片充分发挥其光合作用，多开花多结荚，减少落花落荚。

（五）灌浆成熟期

豌豆花朵凋谢以后，幼荚伸长加快，荚内种子灌浆的速度也加快。随着种子的发育，荚果也不断伸长加宽。花朵凋谢后约14天荚果达到最大长度。在这期间，豌豆种子的形成与发育状况决定着单荚成粒数和种子百粒重。当70%以上的荚果变黄、变干时，豌豆达到成熟期。

三、对环境条件的要求

（一）温度

豌豆是半耐寒性蔬菜作物，喜冷凉湿润气候，耐寒，不耐热。温度在4摄氏度时，种子能缓慢发芽，但出苗的时间较长，出苗率不高；在16～18摄氏度时，4～6天出苗，出苗率可达90%以上；在25摄氏度时，3～5天即可出苗；30摄氏度以上出苗后的成活率降低。生育期的适温为12～16摄氏度，开花结荚期适温为15～18摄氏度，10摄氏度以下易发生落花落荚。荚果成熟期的适温为18～20摄氏度，温度超过26摄氏度时，受精率较低，结荚少，产量低。

（二）光照

豌豆属长日照作物，个别品种需短日照。多数品种在北方的生育期比在南方短，因北方春播缩短了越冬的幼苗期，所以南方品种北移会提早开花结荚。在南方，早熟品种的生育期为80～90天，中熟品种的生育期为90～120天，晚熟品种的生育期为120～150天。

豌豆结荚要求较强的光照和较长的日照，但又切忌较高的温度，所以需采取适宜的措施，协调豌豆的生育需要与外界环境条件之间的矛盾。

（三）湿度

豌豆整个生育期都要求一定的空气湿度和土壤湿度。苗期耐干旱，适度干旱有利于根系生长。长期土壤水分不足会大大降低品质和产量，开花结荚期空气过分干燥会引起落花落荚。在开花结荚期遇高温干旱天气，会使荚果纤维提早硬化，过早成熟而降低品质和产量。

（四）土壤

豌豆对土壤要求不高，在排水良好的砂壤土或新垦地均可栽植，以疏松、含有机质较高的中性（pH值6～7）土壤为宜，该类型土壤有利于植株出苗和根瘤菌的发育。土壤pH值低于5.5时易发生病害和降低结荚率，应加施石灰改良土壤。豌豆根系深，稍耐旱而不耐湿，播种或幼苗期排水不良时易烂根，花期干旱会导致受精不良，容易形成空荚或秕荚。

（五）营养

豌豆虽有根瘤菌能固定土壤及空气中的氮素，但苗期仍需要一定的氮肥，氮肥、磷肥、钾肥的施用比例以4∶2∶1为宜。在栽培过程中应注意施用磷肥和接种根瘤菌，以提高产量。

第二节　类型与品种

一、类型

豌豆的分类方法，目前尚未统一，有如下几种分类方法。

（一）依用途和荚的软硬分

栽培豌豆有粮用豌豆、菜用豌豆和软荚豌豆3个变种。粮用豌豆种皮光滑，颜色较深；菜用豌豆以鲜豆粒作蔬菜食用或用于速冻和罐头制作，可采收嫩梢芽供食用；软荚豌豆以嫩荚供食用，成熟时不开裂，种皮皱缩，颜色较浅，可鲜食也可速冻或制成罐头。

（二）依生长习性分

根据品种植株的高矮，可分为矮生种、半蔓生种和蔓生种3个类型。矮生种株高15～80厘米，半蔓生种株高80～160厘米，蔓生种株高160～200厘米。

（三）依种子形状分

可分为光粒种和皱粒种2种。光粒种成熟时表面光滑圆润；皱粒种成熟时表面皱缩，糖分和水分较多，品质好。

（四）依荚果组织分

可分为硬荚种和软荚种2种。硬荚种的荚壁内果皮有厚膜组织，成熟时此膜干燥收缩，荚果开裂，以食用鲜嫩籽粒为主；软荚种的果荚薄壁组织发达，嫩荚、嫩籽均可食用。

（五）依种皮颜色分

依种皮的颜色可分为绿色种、黄色种、白色种、褐色种和紫色种等。

（六）依食用部位分

可分为食荚、食嫩梢、食鲜豆粒、食芽菜4种。

目前，食荚豌豆都是专用型品种，属软荚变种。部分粮用豌豆品种可采收嫩荚豆粒供菜食，食苗豌豆也有专用品种。海南地区主要种植食荚豌豆，部分芽苗菜基地生产豌豆芽苗。

二、优良品种介绍

（一）‘小青荚’

从国外引进。硬荚种，半蔓生种，高100厘米左右，分枝3～6个。第一花序出现在主蔓第10～14节，花白色。嫩荚长约6厘米、宽1.5厘米，每荚中有种子4～7粒，种子小，绿色，干后呈黄白色，圆形，种皮皱缩。嫩种子供食，为制罐头和冷冻优良品种。亩产嫩荚400～500千克。

（二）'上海豌豆尖'

上海市地方品种。硬荚种，蔓生种，分枝多，匍匐生长。叶大而繁茂，叶片长4厘米、宽3厘米，浅绿色。花浅黄、紫红或白色。成熟种子黄白色，圆形，光滑，籽粒小。嫩梢质地柔软，味甜而清香，品质好。亩产嫩荚400～500千克。

（三）'大荚豌豆'（大荚荷兰豆）

从国外引进。软荚种，蔓长2米左右，分枝3～5个。花紫色，单生，荚特大，长12～14厘米、宽3厘米，浅绿色，嫩荚稍弯、凹凸不平。种皮皱缩，呈褐色，以嫩荚和鲜豆粒供菜用，柔嫩味甜，纤维少，品质极好。亩产嫩荚800～1000千克。

（四）'改良奇珍76甜豌豆'

美国品种。蔓生种，蔓长180～300厘米，有侧蔓2～3条。叶长，深绿色。主蔓第一花序着生在第12～14节，花白色，单生或双生。软荚，荚形肥厚，绿色，长7.5～11.0厘米、宽1.2厘米、厚0.8厘米，单荚重7～10克。嫩荚质脆嫩，纤维少，风味甜，品质优，生食、凉拌及炒食俱佳。亩产嫩荚800～1000千克。

（五）'莲阳双花'

广东澄海地方品种。软荚种，蔓生种。花白色。荚长6～7厘米、宽1.3厘米，种子圆形，黄白色。嫩荚供食，品质好。亩产嫩荚800千克左右。

（六）'台中11号'

台湾品种。软荚种，蔓长150～180厘米，侧蔓少，节间长5～9厘米。叶绿色，主蔓第13～15节开始着生花序，花粉红色，双生或单生。荚形较平直，绿色，长6.0～9.5厘米、宽1.6厘米，单荚重2.5～3.0克。嫩荚纤维少，品质优良，主要用于鲜食和速冻。该品种较耐热，适应性广，但易感白粉病。亩产嫩荚1000

千克。

（七）'食荚甜脆豌1号'

四川省农业科学院作物研究所育成。矮生、软荚种。株高70～75厘米，生长力强。叶色深绿，花白色，成熟种子种皮浅绿色，鲜豆粒百粒重28.8克。嫩荚长8厘米左右，最长可达11厘米。荚色翠绿，筒状，荚果壁肉厚，百荚重850克，成熟荚黄白色。鲜荚适口性好，清香，嫩荚既可鲜食，也可速冻保鲜。该品种较抗白粉病。亩产嫩荚800～1000千克。

（八）'溶糖'

美国引进。较早熟，矮生种。株高70～80厘米，生长势较强。花紫红色，结荚部位在50厘米以上，单株结荚数可达12～13个。嫩荚绿色，长11～12厘米、宽2.5厘米。纤维少，荚肉肥厚，含糖量高，味甜，脆嫩，品质好。亩产嫩荚1000千克。

第三节　栽培季节

海南豌豆以散户小面积种植为主，各市县均有栽培，总种植面积较少，不足1万亩。多以冬春季露地搭架栽培，蔓生种为主。豌豆是半耐寒性作物，喜温和、凉爽、湿润，不耐炎热干燥，耐寒能力较强，温度过高或过低均不利于开花结荚。海南地区豌豆播种时间多集中在10—11月，采收时间在翌年1—3月。

第四节　栽培技术

一、选地

豌豆最忌连作，种过豌豆的地块一般须间隔5~6年再种，至少须进行1~2年轮作后再种。因为连作容易积存根系的酸性物质，使土壤变酸而发生病害。但豌豆对土壤的要求不严格，以疏松、肥沃、富含有机质的中性略偏酸砂壤土和黏壤土为宜。

二、整地作畦

海南、广东等华南地区一般采用高畦栽培。畦宽（包沟）120~130厘米，单行种植。整地时，提前20天以上深翻晒土，结合整地每亩撒施生石灰50~100千克或氰氨化钙40千克，用于调节土壤酸碱度。整地前施足基肥，每亩施腐熟农家肥1000~1500千克、三元复合肥50千克。施肥方法以撒施以主；使用沟施法的，定植豌豆苗应注意不能离基肥沟过近，避免烧苗。

三、种子处理

豌豆在低温、长日照条件下可迅速发育，开花结荚。播种前可进行种子低温处理，促进花芽分化，降低花序着生节位，进而提早开花和采收，并增加产量。具体方法：先浸种催芽（浸种催芽可参照其他豆类作物），待种子开始萌动露出胚芽后在0~5摄氏度的环境下低温处理10~12天。

四、播种

在播种前用根瘤菌拌种可使豌豆增产。用根瘤菌拌种后，豌豆根瘤增加，茎叶生长旺盛，结荚多，产量高。拌种方法：每亩用根瘤菌10～15克，加水少许与种子拌匀后便可播种。

海南及其他华南地区播种多采用条播。矮生种行距20～25厘米，行内株距8～10厘米，每亩用种10～15千克；蔓生种单行种植，株距约10厘米，每亩用种7～10千克。采食嫩梢的豌豆应采取密植栽培，每亩用种量15～20千克。

播种后浇足底水，出芽前应控制水分，以防种子腐烂。夏秋季播种，日晒强、温度高，在豌豆幼苗期应进行适当遮阴。为防止杂草滋生，可在播种盖土后每亩用72%异丙甲草胺乳油500倍液等除草剂均匀喷湿畦面。

五、田间管理

（一）水分管理

豌豆生长期间灌排水非常重要，缺水时肥效降低，发育缓慢，产量及品质下降；土壤过湿时易引发病害。豌豆开花前，浇小水2～3次；开始坐荚时，适当增加浇水量；结荚盛期要保持土壤半干半湿，保证荚果发育；结荚后期，适当减少浇水。雨天应注意排水。

（二）养分管理

豌豆因自身有根瘤菌可固定空气中的氮，生长期间氮肥供应要适当控制，防止徒长。但在幼苗期根瘤菌尚未形成时，应酌量追施氮肥，以促进植株分枝，增加花数量，提高结荚率。采收嫩梢栽培，应增施氮肥，促使茎叶繁茂，提高产量。磷肥对促进豌豆根系和茎蔓生长，增加结荚乃至提高产量都有作用。磷肥与农家有机肥料混合使用效果更好。

幼苗期可薄施0.5%的尿素水2~3次；开花结荚期要施重肥，每隔10~15天追施8~10千克有机液肥或15千克复合肥或5千克硫酸钾肥。在追肥的同时，还需注意根外追肥。同时可喷施0.2%的磷酸二氢钾。

（三）中耕培垄

豌豆播种后要浅松土数次，以促进根生长、苗健壮。结合灌水1~2次即可进行中耕、除草、培土。前期中耕宜深；后期因植株繁茂，中耕宜浅，以防伤根。

（四）搭架引蔓

蔓生种需设立支架栽培。当苗高30厘米且未开花时要插好支架。支架高度150~200厘米，多采用人字架。由于豌豆攀缘，故必须用稻草或塑料绳辅助豌豆攀缘并将其固定于支架上，每隔约30厘米固定一处。人工辅助引蔓时要注意蔓杈分布均匀，以利通风和采收。也可在支架上铺设渔丝网引蔓，可减少人工。

（五）主要病虫害

豌豆主要病害有豌豆白粉病、芽枯病、根腐病等；主要虫害有豆秆黑潜蝇、豌豆潜叶蝇、豌豆象等。

六、采收及留种

豌豆豆荚在谢花后8~10天便停止生长，此时种子才开始发育，一般软荚品种宜早采收。供鲜食或出口的软荚豌豆的规格要求是：豆荚鲜嫩、青绿，形端正，豆荚薄而不露仁（甜豌豆的采收标准是豆荚要饱满但不能太厚），枝梗长不超过1厘米，无卷曲。豌豆盛收期往往处于高温天气，必须每天及时采收。硬荚品种以食鲜籽粒为主，宜在开花后15～18天采收。

采收豌豆嫩梢的，应在播种后20～25天及时采收，以便使植株产生较多的分枝。采收时，一般采摘上部嫩梢及1～2片尚未张开的嫩叶。宜早晨或傍晚采摘，避免嫩梢受阳光照射而失水。

要选择植株健壮、无病虫为害的地块作留种田，并除去杂株。干燥冷凉的秋冬季最适宜采种。硬荚种的荚果达到成熟、外皮黄色，或软荚种呈皱缩的干荚时即可采收。

思考题

1. 豌豆在生长发育的过程中有哪些特点?
2. 豌豆有哪些分类方法?
3. 豌豆的水分管理要注意哪些事项?
4. 豌豆的养分管理要注意哪些事项?
5. 豌豆采收要注意哪些事项?

第五章　四棱豆标准化栽培技术

本章提要与学习指导

本章讲述了四棱豆的生物学特性、类型与品种、栽培季节、栽培技术。重点学习四棱豆的类型与品种、栽培季节和栽培技术。

四棱豆是豆科四棱豆属中的一个栽培种，一年生或多年生宿根草质缠绕藤本植物。别名翼豆、四角豆、翅豆、杨桃豆、热带大豆、皇帝豆、香龙豆等。其嫩豆、块根、种子、嫩梢和叶皆可食，原产地可能是亚洲热带地区，美国、印度等70多个国家均有研究和栽培。我国种植四棱豆已有100多年的历史，主要产地在云南、贵州、四川、广西、广东、海南、台湾等，在北京、湖南、浙江、江苏、安徽等地也有栽培。

四棱豆含多种氨基酸，且氨基酸组成合理，其中赖氨酸含量比大豆还高。还含维生素E、胡萝卜素、铁、钙、锌、磷、钾等微量元素，属保健型蔬菜。四棱豆对冠心病、动脉硬化、脑血管硬化、口腔炎症、泌尿系统炎症等多种疾病有一定治疗效果。因此，有人称四棱豆为21世纪健康食品、奇迹植物。此外，四棱豆口感细腻脆嫩，含有丰富的膳食纤维，能改善胃肠功能，对病后调养者、素食者和需要补铁的人群最为适宜。

第一节　生物学特性

一、形态特征

四棱豆根系发达，有较多的根瘤，固氮能力强。侧根分布直径40～50厘米，深度70厘米左右，主要分布在10～20厘米的耕作层内。一年生植株的主、侧根均可形成块根。茎粗壮，分枝力强，光滑无毛，绿色或绿紫色，横断面近圆形，茎节易生不定根。蔓生类型茎具缠绕性，长200～400厘米；矮生类型茎具直立丛生性。叶为羽状复叶，具3小叶。叶柄长，上有深槽，基部有叶枕。小叶卵状三角形，长4～15厘米，宽3.5～12.0厘米，全缘，先端急尖或渐尖，基部截平或圆形。托叶卵形或披针形，长0.8～1.2厘米。总状花序腋生，长1～10厘米，有花2～10朵。总花梗长5～15厘米。小苞片近圆形，直径2.5～4.5毫米。花萼绿色，钟状，长约1.5厘米。旗瓣圆形，直径约3.5厘米，外淡绿，内浅蓝，顶端内凹，基部具附属体，翼瓣倒卵形，长约3厘米，浅蓝色，瓣柄中部具丁字着生的耳，龙骨瓣稍内弯，基部具圆形的耳，白色略染浅蓝。对旗瓣的1枚雄蕊基部离生，中部以上和其他雄蕊合生成管，花药同形。子房具短柄，无毛，胚珠多颗，花柱长，弯曲，柱头顶生，柱头周围及下面被毛。荚果四棱状，长10～40厘米，宽2.0～3.5厘米，黄绿色或绿色，有时具红色斑点，翅宽0.3～1.0厘米，边缘具锯齿。内含种子8～17颗，种皮白色、黄色、棕色、黑色等色，近球形，直径0.6～1.0厘米，光亮，边缘具假种皮，百粒种重25.0～54.5克。

二、生长发育周期

四棱豆的的生长发育周期可分为种子发芽期、幼苗期、抽蔓期和开花结荚期四个阶段。

（一）种子发芽期

四棱豆种子发芽适温为25摄氏度左右，在此温度下7～10天种子即可出芽，温度不足时发芽时间延长。

（二）幼苗期

第一对真叶展开直至具有6～8片复叶的时期称为幼苗期，需要15～20天。幼苗期要严格控制温度，一般白天在22～25摄氏度，夜间在18～20摄氏度，以保证幼苗健壮生长和花芽的正常分化及发育，为四棱豆高产奠定良好的基础。

（三）抽蔓期

四棱豆植株出现6～8片复叶到出现花蕾的时期称为抽蔓，需要40～50天。四棱豆根瘤的形成同样发生于这一时期。

（四）开花结荚期

四棱豆植株出现花蕾直到豆荚采收结束或种子成熟的时期称为开花结荚期，需要50～60天。值得注意的是，四棱豆现蕾到开花后6～8天为荚果迅速生长期。

三、对环境条件的要求

四棱豆喜较高温度，在年均温度15～28摄氏度的地区生长良好，最适宜温度为25摄氏度，10摄氏度以下停止生长。种子发芽适温为26～29摄氏度，15摄氏度以下和35摄氏度以上发芽不良。开花结荚的最适温度为20～25摄氏度。块根发育需较凉爽温度，昼夜温度分别为27摄氏度和18摄氏度时为最适。

四棱豆喜多湿气候条件，不耐干旱又忌水涝，年降水量1500～2500毫米对四棱豆生长有利。但只要有灌溉条件，在年降水量200～400毫米的地区也可种植。种子发芽时吸水量约为种子重量的2倍以上。开花结荚期四棱豆对干旱敏感，需要适度的湿润环境，但雨水过多时，应及时排水。对土壤要求不严，较耐贫瘠，适应性较强，但以肥沃、渗透性和通气性良好的微酸性土壤为佳。适宜的土壤pH值为4.3～7.5，pH值5.5为最适。四棱豆属短日照作物，生长初期用短日照处理，可以提早开花、结果。在长日照下易徒长，导致开花结荚期推迟或不能开花结荚。生长发育需要充足的光照，不耐遮阴，阳光不足则易落花、落荚。

第二节　类型与品种

一、类型

四棱豆可分为有限生长型和无限生长型两种。栽培品种有两个品系：一是印度尼西亚品系，多年生。多数类型较晚熟，也有早熟类型。营养生长期长达4～6个月。在低纬度地区，全年播种均能开花。有的品种对12.0～12.5个小时的长时间光照这一条件甚为敏感，若达不到易推迟开花结荚期。茎、叶绿色。小叶有卵圆形、三角形、披针形等。花紫、白或紫蓝色。荚长18～20厘米，个别长达70厘米以上。我国南方栽培的多属此类。二是巴布亚新几内亚品系，一年生，早熟，播种至开花需57～79天。茎蔓生。小叶以卵圆形和正三角形为多。紫花。茎、叶和荚均具有花青素。荚长20～26厘米，表面粗糙。种子和块根的产量较低。

二、优良品种介绍

（一）‘海南四棱豆’

植株蔓生，分枝力强，茎叶绿色。嫩荚绿色，长16～20厘米，单荚重20克左右，纤维少，品质好。亩产嫩荚1000～1500千克。

（二）‘浙江四棱豆’

有两种类型：一是茎、叶、荚翼均为绿色的品种，嫩荚长15～18厘米，单荚重20克左右，嫩脆纤维少，品质好。亩产嫩荚1000～1300千克。二是茎、叶、荚翼均为紫色的品种，嫩荚长20～22厘米，单荚重25克，荚质较硬，纤维多，品质较次。亩产嫩荚1200～1500千克。

（三）‘攀枝花四棱豆’

植株蔓生，分枝力较强，茎、叶、嫩荚均为绿色，嫩荚长21厘米，单荚重21克左右，口感脆嫩，品质好。亩产嫩荚1200～1500千克。

（四）‘早熟豆翼833’

中国科学院华南植物园（原中国科学院华南植物研究所）选育的早熟品系。植株蔓生，茎叶绿色，花冠蓝色，嫩荚绿色，嫩荚长16～21厘米，地下部膨大成块根。亩产嫩荚1000～1500千克。

（五）‘紫边四棱豆’

北京市农林科学院蔬菜研究中心从国外四棱豆品种中筛选出的早熟品种。植株蔓生，分枝力强，茎蔓和叶为深紫色或部分紫色，花冠浅蓝色，嫩荚绿色，荚长16～35厘米，豆翼为深紫色，嫩荚大，纤维化较迟，地下部膨大成块根。亩产嫩荚1200～1600

千克。

（六）‘桂丰1号’

广西农业大学从国外四棱豆品种中选育的极早熟品种。植株蔓生，分枝和攀缘能力较强，嫩荚浅绿，扁平状，肉质肥厚，不易老化，嫩荚采收适期较长。亩产嫩荚1250～1600千克。

（七）‘桂矮’

广西农业大学选育的矮生种。主茎长80厘米，分枝力极强，呈丛生状，不设支架就能直立。花冠淡紫色，嫩荚绿中带微黄色，荚长18厘米，地下部可以膨大成块根。亩产嫩荚700～800千克。

（八）‘早熟1号’

中国农业大学从‘早熟翼豆833’品系中定向选育而成的早熟品种。植株蔓生，茎叶绿色，花淡蓝色，嫩荚绿色，荚长16～18厘米，地下部可膨大成块根。亩产嫩荚1000～1300千克。

（九）‘933’

中国科学院华南植物园（原中国科学院华南植物研究所）从杂交后代中定向选育而成。植株蔓生，花冠白色，荚长13～14厘米。亩产嫩荚1000～1500千克。

（十）‘桂丰3号’

由广西大学农学院选育。无限生长型，植株蔓生，主蔓长3.5～4.5米，主蔓第15～20节开始着生花序，嫩荚浅绿色，直而大，光滑美观，单株结荚30～50个。亩嫩荚产量1250～1600千克。

（十一）‘桂丰4号’

由广西大学农学院选育。中晚熟，主蔓长4.0～4.8米，有4～6条侧蔓。嫩豆荚绿色，荚长21厘米左右，荚直而大，外观光滑漂亮，横断面呈正方形。亩产嫩荚1250～1600千克。

（十二）‘早熟2号’

由中国农业大学对中国科学院华南植物园（原中国科学院华南植物研究所）从国外引进的品系‘835’中定行定向驯化选育而成。该品种蔓长3.5～4.5米，茎基部1～6节可分支4～5个。腋生总状花序，每个花序有小花数朵至十数朵，花淡紫蓝色。荚果呈四棱形，嫩荚绿色。单株结荚40～50个，荚长18～20厘米。亩产嫩荚1200～1500千克。

第三节　栽培季节

四棱豆在海南栽培历史悠久，但因其产品难以贮藏，货架期短，未能形成规模化生产。目前，海南的四棱豆种植主要集中在保亭和五指山，其他市县有零星种植，其中保亭四棱豆种植面积占全省种植面积的80%～90%。

四棱豆生长周期比其他豆类蔬菜长。在海南，四棱豆可周年栽培，但四棱豆种子发芽的适宜温度为26～29摄氏度，因此最适宜播种时间在9—11月，采收上市时间在翌年2—5月，豆荚可销往内地及本地市场。

第四节　栽培技术

一、播种育苗

四棱豆栽培可采取直播法、块根繁殖法和育苗法。露地直播应在气温稳定在20摄氏度以上，且地表之下5厘米之内的土层温度稳定在15摄氏度以上时为宜。当气温不利于四棱豆种子发芽时，可进行育苗移栽。

（一）直播法

四棱豆可用种子或块根繁殖，一般以种子繁殖为主。其种子皮较坚硬不易发芽，为提高发芽率，应进行种子处理。先晒种1～2天，再用55摄氏度的温水浸泡15分钟，后用清水浸种24小时，捞出后换清水搓洗种子，用湿纱布包好，在28～30摄氏度条件下催芽，待种子“露白”即可播种。播深为2～3厘米，每穴1～2粒种子，覆土厚2～3厘米，定苗时留1株健壮苗。

（二）块根繁殖法

四棱豆用块根繁殖时，可将中等偏小的块根头朝上埋植于植穴中，上覆稻草等覆盖物。使用此法时四棱豆发芽早，可提早开花结果。

（三）育苗法

海南常用的育苗基质有园土、椰糠、泥炭、草炭、河沙、猪粪、牛粪、鸡粪、羊粪、炭化谷壳、草木灰、甘蔗渣等。园土、椰糠、泥炭都是营养土的主要成份，应占到40%～50%；有机肥料如猪粪、牛粪等，是主要的营养源，应占到20%～30%，有机肥一定要提前收集，并进行堆沤，使之充分腐烂发酵；炭化谷壳、草木灰等能增加营养土的钾含量，使其疏松透气并提高pH值，应占营养土的20%～30%。海南大部分地区土壤pH值在5.8以下，故可适当加些石灰，以调节营养土pH值并增加土壤中的钙质。有条件的地区可以采用商品化基质育苗。

使用营养盘育苗时，做好苗床后，要把营养盘整齐排放在苗床上，然后把1～2铲消毒好的营养土放置在盘上，用手耙平压实于每个穴孔即可。播种时，每穴播催出芽的种子1粒，深约1.5～2.0厘米，给种子覆上营养土后要及时覆盖塑料膜或遮阳网。当幼苗出土后，保持苗床温度，白天应在20～25摄氏度，夜间应在15～18摄氏度。如土壤干旱，可浇小水1～2次。掀起覆盖物时，用竹片或粗铁丝等架起小拱棚遮阴。定植前4～5天，揭除覆盖物，进行炼苗。当幼苗长出3～4片真叶（苗龄28～30天时）可移栽定植。

二、整地与施基肥

整地前15～20天深犁晒田。田地要翻晒2次，耙平碎土。犁地耙地时每亩撒施50～100千克熟石灰或40～50千克石灰氮。

整地时需施足基肥。基肥以经无害化处理的腐熟农家肥或商品有机肥为主，每亩施1000～2000千克有机肥、30～40千克饼肥、30～40千克三元复合肥，撒施和穴施相结合，2/3的肥料在园地耙平后全面撒施，1/3的肥料在作畦后施入种植穴。穴施时，基肥要和穴土混合均匀，切忌种子或幼苗直接与肥料接触，以免烧伤种芽或伤根。

三、作畦

海南四棱豆多为零星种植。随着产业的发展，已有成片单作、间作或套作种植。

单行种植：畦宽（包沟）130～150厘米，沟宽30～40厘米，平畦或高畦均可。

双行种植：畦宽（包沟）200～240厘米，沟宽30～40厘米，平畦或高畦均可。

与玉米或其他蔬菜作物间作、套作种植时，可根据当地具体情况进行调整。

四、定植

（一）种植密度

单行种植：株距40～50厘米，每亩保苗800～1200株。

双行种植：株距50～60厘米，每亩保苗1300～1500株。

（二）定植方法

移苗定植时，要挑健壮的秧苗，淘汰弱苗、无生长点的苗、子叶不正常的苗和带病的苗。在取苗时，尽可能保持营养土的完整。移栽的深度不能过深，以免秧苗陷入穴内，后续积水烂根；但也不能过浅，以免造成根系外露而影响成活。取苗方法是：穴盘育苗的，取苗时用手从穴盘底部轻轻捏挤营养坨，使其脱离穴孔，然后用手抓住秧苗茎基部提苗。营养袋（钵）育苗的，取苗时只需轻轻除去营养袋（钵）即可。

定植宜选择在晴天下午进行。将秧苗放入定植穴中，子叶节以下和地面平行，及时覆土和浇水，使土坨与田土结合紧密，能及时吸收水分和养分，提高秧苗成活率。

定植时，还应留下一些备用苗，以供日后补苗之用。

五、田间管理

（一）间苗、查苗、补苗

直播时，播种7～8天后幼苗相继出土，要及时查苗、补种，确保全苗。待幼苗长出7～8片叶时，拔除生长势弱的苗及畸形苗，选留健壮的幼苗，每穴保留1苗。

（二）中耕培土

四棱豆幼苗期生长缓慢，要结合除草进行1～2次浅中耕，有助于保墒和改善土壤通透性。抽蔓后再中耕1～2次。在枝叶旺盛生长植株封行时，停止中耕以免伤根。最后一次中耕时应进行培土，培土高15～20厘米，有利于地下块根形成。

（三）肥水管理

四棱豆苗期，为促进旺盛生长，应少追施氮肥。长出5～6片叶时，每亩追施10千克复合肥、5千克尿素。营养生长旺盛期勿多施氮肥，因根系有较强的固氮能力，多施氮肥易造成茎叶徒长，影响开花结荚。在现蕾时，每亩施30～40千克复合肥、10千克硫酸钾镁肥，在植株旁开穴施入。结荚盛期每7～10天喷一次0.5%磷酸二氢钾溶液，每10～15天追一次肥，每亩施10千克复合肥、5千克硫酸钾镁肥。四棱豆喜湿润，应经常浇水，保持田间土壤湿润，防止干旱。雨季应及时排水防涝。

（四）整枝、搭架

四棱豆出苗后30～40天进入抽蔓期，应及时用竹竿或木棍搭支架，搭成一字架、人字架或三星鼓架，架高1.5米以上（搭架方式参照豇豆搭架方式）。人工引蔓使其均匀分布于架上。

（五）植株调整

在四棱豆开花结荚期，茎叶生长、开花结荚、块根膨大会同时争夺养分。加上开花期长、花数多，若营养供应不足，落花落荚会十分严重。为防止落花、提高结荚率，应合理调整植株，并整枝打杈。一般要在初花期主蔓摘心，促进侧枝生长，降低开花节位，抑制过旺生长，促进结荚减少落花。生长结荚期应进行多次摘心。应及早摘去过密的分枝和侧枝、下部过密的叶片、过密的花序，以改善通风透光条件，节约养分，提高结荚率。

（六）主要病虫害

四棱豆的主要病害有立枯病、叶斑病和病毒病等，主要虫害有地老虎、蚜虫和豇豆荚螟等。

六、采收

四棱豆属无限花序，可根据需要随时采收。开花后12～15天，豆荚色绿柔软，尚未木质化，是采收嫩荚的适宜时期。此时生长迅速、纤维少，切忌采摘过迟，造成纤维增加，进而荚壁粗硬品质变劣，不能食用。此时一般3～5天采收1次。开花至结荚40～50天。豆荚变褐色，基本干枯时应及时采摘。采后摊晒脱粒，晾干贮藏。块根可在第二年收取。

思考题

1. 四棱豆的根瘤是如何形成的？
2. 四棱豆有几种分类？有哪些分类特点？
3. 四棱豆的栽培技术有哪些要点？
4. 四棱豆对环境条件有哪些要求？

第六章　豆类蔬菜主要病虫害及其防治方法

本章提要与学习指导

本章介绍了豆类蔬菜的病虫害防治原则、病虫害综合防治措施和主要病虫害及其防治方法等。重点学习病虫害防治原则、病虫害综合防治措施和主要病虫害及其防治方法，掌握主要病虫害发生的症状、发生规律及其防治方法。

海南全年高温，病虫害基数大，防治难度大。种植栽培技术参差不齐，导致植株抵抗力弱，易发生病虫害。同时种植户食品安全意识不够强，病虫害防治手段落后，重治不重防。为了追求产量及利润，片面追求化学防治，如豆类蔬菜中的豇豆，因豆荚成熟快，采收期短，在产品安全上面临极大挑战。因此，必须建立规范化的病虫害安全防控技术体系，进而助推产业健康发展。

第一节　病虫害防治原则

贯彻“预防为主，综合防治”的基本原则。从生态系统出发，做好监测与预防，依据病虫害发生规律，坚持以“农业防治、物理防治、生物防治为主，化学防治为辅”的综合防治理念，创造不利于病虫害发展和有利于豆类蔬菜生长的环境，保护和利用相应天敌，保持农业生态系统平衡和生物多样性，有效防控病虫害。

一、监测与预报

建立病虫害监测制度。构建病虫害监测网络，制定《病虫害监测技术规范》，及时上报病虫害监测信息，并分析病虫害发生原因以及预测可能发生的种类、时间、范围、程度以及制定预防控制措施等。

二、预防与控制

根据生产情况、气候条件、往年病虫害发生情况、监测预报情况以及发生趋势等因素制订《病虫害预防控制方案》，建立健全病虫害防治体系和开展病虫害抗药性监测评估，依法推广绿色防控技术。指导农业生产经营者选用抗病、抗虫品种，采用包衣、拌种、消毒等种子处理措施，采取合理轮作、深耕除草、覆盖除草、土壤消毒、清除农作物病残体等健康栽培管理措施预防病虫害。使用农药开展病虫害防治时，应当遵守农药使用安全规范，严格按照农药标签或者说明书使用农药。

第二节　病虫害综合防治措施

病虫害综合防治措施主要有农业防治、物理防治、生物防治和化学防治。单纯依赖喷洒化学农药防治病菌和害虫，特别是长期使用单一化学农药，不仅容易增强病菌和害虫的抗药性，杀伤大量天敌和有益微生物，导致防治效果下降，还会导致用药量增加，进而出现农产品农药残留超标的现象。科学合理运用各种防治措施，有效减少病虫危害，提升农产品品质和质量，既保护了生态环境，又守护了消费者的健康，对构建和谐文明新农村具有重大意义。

一、农业防治措施

（一）选用抗病虫品种

选购种子时，针对当地主要病虫害，选择正规种子公司的高抗、多抗优良品种，不提倡使用自留种。优先选购带有包衣剂的种子，若无包衣剂，播种时要进行种子消毒处理，确保种子不带病虫害。

（二）耕作改制，合理布局

实行合理的水旱轮作制度。海南豆类蔬菜种植时间集中在10月至翌年5月，中间有5个月左右的时间，可进行水稻种植。通过水旱轮作，不仅能合理利用土地资源，还能有效减少土传病害，降低土壤中虫口密度，消除土壤中部分有毒物质，促进有益生物活动，改善土壤团粒结构，提升土壤地力。

（三）轻简化健康栽培

通过深翻晒土、深沟高垄、合理密植和植株调控、科学施肥、中耕除草、及时采收和清理田园等，构建健康、合理和轻简化的栽培环境。

二、物理防治措施

（一）高温消毒

在5—9月农闲时，用农用薄膜完全覆盖园地，压紧四周，利用太阳直射，吸收光热，对土壤进行高温消毒。设施大棚栽培的，封闭棚门和四周，通过高温焖棚，达到杀死病菌、害虫和虫卵的效果。

（二）防护设施

露地栽培时，在园地四周用防虫网或遮阳网搭建高为180～200厘米的挡风屏障，阻隔部分害虫和寒冷空气，有效减少害虫和冷冻。利用农用薄膜、防虫网和遮阳网搭建大棚栽培，亦可有效减少部分害虫和生理性病害。

（三）地膜覆盖

使用地膜覆盖技术，可以有效驱避蚜虫。田间覆盖地膜栽培，能很好地减少土壤中的虫卵、成虫。

（四）色板诱杀

在园地或设施大棚中，悬挂黄板、蓝板可诱杀蚜虫、普通大蓟马等害虫。可使用黄、蓝板混合悬挂，每亩挂30～40张，规格为25厘米×40厘米。每月更换一次黄板和蓝板，悬挂高度随作物生长情况逐步调整。

（五）光诱杀

因为昆虫对光线、超声波等有趋光、趋波反应，可使用杀虫灯诱杀多种害虫。利用频振式杀虫灯、太阳能杀虫灯、黑光灯等，均可有效诱杀害虫成虫。

三、生物防治措施

（一）性诱剂诱捕

昆虫性信息素是调控昆虫雌雄吸引行为的化合物，根据不同昆虫对昆虫性信息素的趋向反应，在园地或设施大棚的诱捕器中悬挂人工仿生合成的昆虫性信息素，以诱捕害虫成虫，或用于干扰害虫交配，以降低害虫子代危害。目前，大面积商品化应用的人工仿生合成的昆虫性信息素可针对棉铃虫、甜菜夜蛾、斜纹夜蛾、甘蓝夜蛾、地老虎、豇豆荚螟、瓜实蝇等害虫。具体的诱捕器有水盆支架型、网笼型、饮料瓶型、三角塑料板型等。一般每亩悬挂2～4个诱捕器，每个诱捕器悬挂1个诱芯，诱芯距离地面高0.6～1.0米。注意诱捕器要放置在菜田四周，远离房屋等障碍物。

（二）生物源农药

生物源农药主要分为植物源农药、动物源农药、微生物源农药、微生物农药、植物免疫剂。植物源农药包括印楝素、苦皮藤素、烟碱、菇类蛋白多糖、木霉菌、鱼藤酮、除虫菊素、苦参碱、红海葱、番木鳖碱等。动物源农药包括C型肉毒梭菌素、沙蚕毒素、聚集信息素、性信息素等。微生物源农药包括春雷霉素、多抗霉素、阿维菌素、中生菌素、武夷菌素、宁南霉素、浏阳霉素等。微生物农药包括苏云金杆菌、白僵菌、枯草芽孢杆菌、颗粒体病毒、核型多角体病毒等。植物免疫剂包括氨基寡糖素、超敏蛋白等。

（三）天敌

保护和利用天敌。减少化学农药的使用次数和用量，减轻对田间寄生性天敌如蚜小蜂、蚜茧蜂、茧蜂、赤眼蜂等和捕食性天敌如草蛉、蜻蜓、螳螂、猎蝽、花蝽、瓢虫、食虫虻、食蚜蝇、胡蜂等的危害，利用天敌来控制害虫。

四、化学防治措施

化学防治是应对农作物病虫害最有效的方法。化学农药具有高效、使用方便、经济效益高等优点，但使用不当又会对农作物产生药害，引起人畜中毒，杀伤有益微生物，杀死寄生性和捕食性天敌，导致病虫产生抗药性，农产品农药残留超标，还可造成环境污染。

（一）禁止使用高毒剧毒高残留农药

蔬菜生产上禁止使用磷化铝、氯丹、甲胺磷、甲拌磷、对硫磷、甲基对硫磷、内吸磷、治螟磷、杀螟威、磷胺、异丙磷、三硫磷、氧乐果、磷化锌、克百威、水胺硫磷、久效磷、三氯杀螨醇、涕灭威、灭多威、氟乙酰胺、醋酸苯汞、氯化乙基汞、五氯酚钠等和其他高毒、剧毒、高残留农药。国家农业农村部以及海南省农业农村厅规定的所有禁止使用的化学农药，均不得在豆类蔬菜生产中使用。

海南省农业农村厅在豆类蔬菜上还重点规定了在农残检测上灭蝇胺、甲氨基阿维菌素苯甲酸盐、噻虫嗪、啶虫脒、倍硫磷、阿维菌素、氯虫苯甲酰胺、氯氟氰菊酯等农药不得超标，落实好国家多部委《关于印发〈食用农产品“治违禁 控药残 促提升”三年行动方案〉的通知》（农质发〔2021〕6号）精神。

（二）化学农药安全使用原则

使用化学农药防治病虫时，应遵循精准识别症状、严格选用药剂、科学合理混配、正确施药方法、严控安全间隔期等基本原则。

1. 精准识别症状

病虫为害时，都在植株上留下不一样的症状特征。不同气候条件下，也会有不一样的病症，如高温高湿条件下容易发生细菌性病害和高等真菌性病害，高温干旱条件下容易发生病毒病和生理性病害，而低温阴雨条件下容易发生低等真菌性病害等。只有精准识别症状，才能更好地对症下药。

2. 严格选用药剂

优先选择高效、低毒、低残留的化学农药。严格控制农药的使用次数和浓度。同一农药，在一个生长周期内使用次数不得超过2次；不得随便加大使用浓度，如防治效果不佳，应及时更换另一种药剂进行防治。

3. 科学合理混配

化学药剂按pH值可分为酸性、中性和碱性三个类型，大部分化学药剂为偏酸性和中性，极少数为弱碱性。配制药剂时，应了解药剂的pH值，酸性药剂和碱性药剂不能混配。相同作用的药剂，一般不需要混配，可轮换使用，避免相同作用药剂浓度过大，引起药害；或相互中和，降低药效。科学的方法为广谱性杀菌剂+针对性杀菌剂+针对性杀虫剂+叶面肥混配使用。

4. 正确施药方法

一是要确保足够的药剂水量。根据作物生长势，不同阶段所需药剂水量不一样，如开花结荚期，每亩需喷雾50～60千克药液才能满足作物病虫害防治药剂水量。二是确保均匀喷雾。叶面、叶背、生长点以及花、嫩荚等器官均需喷到、喷匀，达到整株防治效果。

由于病虫种类不同，可根据其田间分布，选择适当的施药方法。对土传病菌、地下害虫，可采用药剂拌种、灌根、毒饵诱杀的方法。对刺吸性、食叶性、钻柱性等害虫和大多数病害需要进行针对性施药防治。幼虫孵化期、发病初期，应重点施药，控制害虫虫口密度和防止病害蔓延。豆类蔬菜抽蔓期之前，应控制好害虫虫口密度和防止病害发生，避免开花结荚期病虫为害严重，影响产量和品质。

5. 严控安全间隔期

不同化学农药的安全间隔期依据药剂种类不同而有极大区别，优先选用安全间隔期较短的化学药剂。用药后，在药剂安全间隔期内，尽量不喷药，避免因药量累加而导致农产品农残超标。

第三节　主要病虫害及其防治方法

一、主要传染性病害及其药剂防治方法

豆类蔬菜主要传染性病害有枯萎病、根腐病、炭疽病、锈病、煤霉病、白粉病、病毒病及轮纹病等。

（一）枯萎病

1. 症状

发病植株下部叶片先变黄，后逐渐向上扩展。病叶叶脉变黑，靠近叶脉的叶肉组织变黄，导致叶片干枯或脱落，全株枯萎。植株受害初期仅见地上部叶片萎蔫，早晚可恢复，叶片边缘，尤其是叶片尖端出现不规则形水浸状病斑。剖视病株茎部和根部，内部维管束变红褐色或黑褐色，严重时外部变黑褐色，根部腐烂。湿度大时病部表面出现粉红色霉层。其与根腐病区别在于：根腐病根表皮先变红褐色，继而根系腐烂，木质部外露，病部腐烂处的维管束变褐，但地上茎部维管束一般不变色。

2. 病原

病原为尖孢镰刀菌，属半知菌亚门真菌。该病原菌菌丝生长适宜温度为20～30摄氏度，最适温度为25摄氏度，温度达到50摄氏度时不能生长。适宜pH值为6～10，最适pH值为8。全黑暗和全光照条件有利于菌丝的生长。可利用多种碳源、氮源，最适碳源为D–果糖和D–甘露醇，最适氮源为蛋白胨和硝酸钠。

3. 发病条件

在种植过密、通风透光性差的条件下植株容易发病，多年连作、排水性差及土壤偏酸的地块发病严重。病原菌以菌丝体和厚

垣孢子随病残体在土壤中存活多年，条件适宜时可从根尖细胞或伤口侵入，菌丝迅速蔓延至维管束，并分泌毒素或菌丝阻塞导管。以发病植株为中心，分生孢子随气流、雨水及农事操作等向四周扩散形成再侵染。

4. 药剂防治

采用灌根的方法最为直接有效，定植后用200亿孢子/克枯草芽孢杆菌可湿性粉剂400倍液作定根水灌根。发病初期用30%噁霉灵水剂800倍液或30%精甲·噁霉灵水剂800倍液灌根防治豇豆枯萎病，隔7～10天再灌1次，每次用药250～500毫升。全生育期可用200亿孢子/克枯草芽孢杆菌可湿性粉剂400倍液、30%氨基酸原液300倍液轮换灌根2～3次，10～15天一次，以提高植株的免疫力。

（二）根腐病

1. 症状

主要为害根部和茎基部。一般出苗后7天开始发病，21～28天进入发病高峰。早期症状不明显。开花结荚期植株较矮小。病株下部叶片从叶缘开始变黄枯萎，病部产生点状病斑，叶片一般不脱落。茎的地下部和主根变成红褐色，病部稍凹陷，有的开裂深达皮层，纵剖病根，可见维管束呈红褐色，土壤湿度大时，常在病株茎基部产生粉红色霉状物。根部腐烂由支根蔓延至主根，最后导致整个主根腐烂或坏死，主根全部腐烂的，地上部茎叶萎蔫枯死，病株易拔起。

2. 病原

病原为腐皮镰孢菌菜豆专化型，属半知菌亚门真菌。分生孢子分大小两型：大型分生孢子无色，纺锤形，有3～4个隔；小型分生孢子椭圆形，有1个隔。生长适宜温度为13～35摄氏度，最适温度为29～32摄氏度。

3. 发病条件

病菌可在病残体、厩肥及土壤中存活多年，无寄主时可腐生10年以上。若种子不带菌，初侵染源主要是带菌肥料和土壤，通过工具、雨水及灌溉水传播蔓延，先从伤口侵入致皮层腐烂。土壤含水量大，土质黏重或反季节栽培时易发病。发生程度与温湿度有密切关系，种植环境温度为24～28摄氏度，相对湿度为80%时易发病。地势低洼、平畦种植、灌水频繁、肥力不足、管理粗放的连作地发病严重。

4. 药剂防治

种子处理时，可选用350克/升精甲霜灵种子处理乳剂按1:1250～2500（药种比）拌种，或45%唑酮·福美双可湿性粉剂300～600倍液浸种。发病初期可选用40%甲硫·福美双可湿性粉剂300～400倍液，或68%噁霉·福美双可湿性粉剂800～1000倍液，或56%甲硫·噁霉灵可湿性粉剂600～800倍液，或200亿孢子/克枯草芽孢杆菌可湿性粉剂400倍液等灌根。

（三）炭疽病

1. 症状

全生育期均可发生，可为害叶片、茎蔓及豆荚。叶片和子叶感病初期出现近圆形褐色小斑点，病斑向背面凸出；后期叶片病斑正面出现轮纹，表面有许多褐色粉状物。叶柄、茎部和荚果感病初期病斑凹陷呈梭形，后期龟裂，潮湿时病斑常产生粉红色黏稠物。

2. 病原

病原为菜豆刺盘孢菌，属于半知菌亚门真菌。分生孢子盘黑色，初埋生于表皮下，后期露出，分生孢子盘上密生分生孢子梗和几根至20根刚毛。刚毛黑褐色，针状，单生，有3～4个分隔。分生孢子梗无色，单胞，短杆状。分生孢子常在分生孢子梗顶端，单生，无色，椭圆形或卵形，有时稍弯曲，内含1～2个油球。

3. 发病条件

病菌主要以菌丝体在种子上越冬，也能以菌丝体随病株残余组织遗留在田间越冬。播种带菌的种子，幼苗即可染病。菌丝体产生的分生孢子借雨水和昆虫进行传播。越冬菌丝体在环境条件适宜时产生分生孢子，通过雨水反溅至寄主植物上，从寄主表皮直接侵入，引起初次侵染；经潜育后出现病斑，在病斑上就会产生新生代分生孢子，进行多次再侵染。海南冬季湿度大时该病流行较快，菜地积水和通气性差的地块发生严重。

4. 药剂防治

发病前可选用70%甲基硫菌灵可湿性粉剂500倍液或80%代森锰锌可湿性粉剂600倍液喷雾预防。发病初期可选用41%甲硫·戊唑醇悬浮剂800倍液，或30%苯醚甲环唑微乳剂3000倍液，或50%丙环唑微乳剂3000倍液，或18.7%丙环·嘧菌酯悬浮剂2000倍液，或50%咪鲜胺锰盐可湿性粉剂1500倍液喷雾防治。

（四）锈病

1. 症状

主要为害叶片，老叶发病重于新叶。开始发病时，在叶片上散生或聚生苍白色小凸起，叶背面更明显，凸起后变黄褐色，隆起时呈小脓疱状，扩大后病斑上表皮破裂，散出红褐色粉末。后期叶片上特别是叶柄和茎上长出暗褐色椭圆形凸起的较大病斑，表皮破裂后，露出黑色粉质粒点。

2. 病原

病原为豇豆单胞锈菌，属担子菌亚门真菌。病菌喜温暖潮湿的环境，发病温度范围为21～32摄氏度，最适发病温度为23～27摄氏度，相对湿度达95%以上萌发。最适感病生育期为开花结荚期到采收中后期。发病潜育期7～10天。夏孢子在10～30摄氏度萌发，最适萌发温度为16～22摄氏度，侵入时需环境高湿。

3. 发病条件

早晚露水重、湿度大易诱发本病。地势低洼、排水不良、种植过密、偏施氮肥，发病时也较严重。孢子成熟后，孢子堆表皮破裂，散出红褐色粉末状夏孢子，通过空气传播，进行再侵染。最适宜温度为日平均气温25摄氏度左右，在多阴雨高湿度的环境下发病严重。

4. 药剂防治

发病前可选用70%甲基硫菌灵可湿性粉剂500倍液，或80%代森锰锌可湿性粉剂500倍液喷雾预防。发病初期可选用18.7%丙环·嘧菌酯悬浮剂2000倍液，或32.5%苯甲·嘧菌酯悬浮剂1500倍液，或10%苯醚甲环唑水分散粒剂1000倍液喷雾防治。

（五）煤霉病

1. 症状

在收获前发病最重，主要为害叶片，引起落叶。病斑初为不明显的近圆形黄绿色斑，继而黄绿斑中出现紫褐色或紫红色小点，后扩大为近圆形或受较大叶脉限制而呈现不规则形的紫褐色或褐色病斑，病斑边缘不明显。湿度大时病斑表面生暗灰色或灰黑色煤烟状霉，尤以叶背密集。病害严重时，病叶屈曲、干枯、早落，仅存梢部幼嫩叶片。

2. 病原

病原为菜豆假尾孢，属半知菌亚门真菌。子实层多生在叶背，灰褐色或榄褐色。分生孢子梗近无色至淡榄褐色，直或波纹状，偶尔分枝，具0～4个隔膜，顶端圆锥形。分生孢子无色或淡榄褐色，倒棍棒形或圆筒形，具4～14个隔膜。适宜发育的温度范围为7～35摄氏度，田间发病最适温度为25～32摄氏度，相对湿度为90%～100%。

3. 发病条件

病菌以菌丝块随病残体在田间存活，当条件适宜时，病菌开始萌发，产生分生孢子，通过空气、雨水等进行传播，之后在田间反复侵染蔓延。种植密度过大、连作重茬的地块发病严重。

4. 药剂防治

发病初期可选用70%甲基硫菌灵可湿性粉剂800倍液，或70%代森锰锌可湿性粉剂700倍液，或72%霜脲·锰锌可湿性粉剂600～800倍液，或50%烯酰吗啉可湿性粉剂1500倍液，或40%嘧霉胺悬浮剂800倍液，或50%腐霉利可湿性粉剂800倍液，或66.8%丙森·缬霉威可湿性粉剂700～1000倍液喷雾防治。

（六）白粉病

1. 症状

主要为害叶片，也可侵害茎蔓和荚。叶片染病时，初始在叶背产生黄褐色小斑，扩大后为不规则形紫色或褐色病斑，并在叶背或叶面产生白粉状霉层，粉层厚密，边缘不明显，白色粉状物即为病菌的分生孢子梗和分生孢子及无色透明的菌丝体。发病严重时，多个粉斑可连接成片甚至布满整张叶片，使叶片迅速枯黄，并引起大量落叶。茎蔓和荚染病时生出白色粉状霉层，发病严重时可布满茎蔓和荚，使茎蔓干枯、荚干缩。

2. 病原

病原为蓼白粉菌，属子囊菌亚门真菌。其球形闭囊壳黑褐色，卵形的子囊无色，椭圆形的单胞子囊孢子无色。丝状菌丝表生，棒状的分生孢子梗不分枝，椭圆形或柱形的单胞分生孢子无色。温度为15～30摄氏度，相对湿度为45%～75%时适宜病菌生长。分生孢子萌发温度为10～30摄氏度。

3. 发病条件

荫蔽、昼夜温差大、多露潮湿，有利于本病发生。在干旱情况下，由于植株生长不良，抗性差，有时发病更为严重。种植密度过大，发病严重。施肥不足，偏施氮肥，缺磷少钾，植株生长衰弱，在酸性土壤上种植，发病较重。

4. 药剂防治

发病前可选用250克/升吡唑醚菌酯乳油1500倍液，或70%甲基硫菌灵可湿性粉剂500倍液，或80%代森锰锌可湿性粉剂500倍液喷雾预防。发病初期可选用40%双胍三辛烷基苯磺酸盐可湿性粉剂1500倍液，或75%肟菌·戊唑醇水分散粒剂1500倍液，或36%硝苯菌酯乳油1500倍液喷雾防治。

（七）病毒病

1. 症状

主要症状有叶片脉间褪绿，叶变厚、变脆，叶缘下卷，植株矮化或生长衰弱，叶片黄化、斑驳、变形、皱缩等。幼苗至成株期均可发病，主要表现为嫩叶叶面斑驳褪绿，变白色或淡黄色，表面凹凸不平，边缘多向下弯曲，感病植株生长受抑制，结荚少，荚果小而畸形。

2. 病原

病原主要有豇豆蚜传花叶病毒、豇豆花叶病毒、黄瓜花叶病毒和蚕豆萎蔫病毒等，可单独侵染为害，也可多种以上复合侵染。

3. 发病条件

26摄氏度以上高温，多表现重型花叶、矮化或卷叶；20~25摄氏度利于显症，光照时间长或强度大，症状尤为明显；18摄氏度显症轻，只表现轻微花叶。土壤中缺肥、菜株生长期干旱发病重。田间蚜虫为害重时，有利于病毒病发生。

4. 药剂防治

在发病初期或在营养生长期选用5%氨基寡糖素水剂800倍液，或2%氨基寡糖素水剂600倍液，或2%宁南霉素水剂300倍液，或30%毒氟磷可湿性粉剂1000倍液喷雾防治。在防治病毒病的同时，还要注意防控蚜虫、普通大蓟马、烟粉虱等媒介生物。

（八）轮纹病

1. 症状

主要为害叶片、茎及荚果。叶片初生浓紫色小斑，后扩大为近圆形褐斑，斑面具明显赤褐色同心轮纹，潮湿时生暗色霉状物，但量少而稀疏。茎部初生浓褐色不规则形条斑，后绕茎扩展，致病部以上茎枯死。荚果上病斑呈紫褐色，具轮纹，病斑数量多时荚果呈赤褐色。

2. 病原

病原为豇豆尾孢菌，属半知菌亚门真菌。分生孢子梗丛生或单生，暗褐色，线状，不分枝，有1~7个隔膜。分生孢子淡褐色，倒棍棒状，有2~21个隔膜。病菌生长适宜温度为20~38摄氏度。

3. 发病条件

病菌以分生孢子梗随病株残余组织遗留在田间存活，也能以菌丝体在田间病株或留种株种子内存活。在环境条件适宜时，分生孢子通过空气传播或雨水反溅至寄主植物上，从寄主表皮直接侵入，引起初次侵染。分生孢子经潜育使植株出现病斑，病斑处会产生新生代分生孢子，飞散传播，进行多次再侵染，加重危害。植株生长衰弱、缺肥时，易诱发此病。

4. 药剂防治

发病初期可选用10%苯醚甲环唑可湿性粉剂1000倍液，或

23%氨基·嘧菌酯1500倍液，或25%咪鲜胺1500倍液，或32.5%苯甲·嘧菌酯悬浮剂3000倍液，或18.7%丙环·嘧菌酯悬浮剂2000倍液喷雾防治。

二、主要生理性病害及其防治方法

（一）病因

豆类蔬菜在生长发育过程中，环境中不适宜的物理因素或化学因素以及自身的生理缺陷或遗传性疾病等，都会导致发生非生物性病原引起的病害。这类病害无侵染过程，不能相互传染，称为生理性病害或非传染性病害。

（二）类型

豆类蔬菜常见的生理性病害有营养失调、肥害、药害、热害和冷害等。

1. 营养失调

包括营养缺乏、各种营养间的比例失调或营养过量，这些因素可以诱使豆类蔬菜表现出缺乏营养元素、营养元素失调、营养元素过量等各种病状。造成营养元素缺乏的原因有多种，一是土壤中缺乏营养元素；二是土壤中营养元素的比例不当，元素间的拮抗作用影响吸收；三是土壤的物理性质不适，如温度过低、水分过少、pH值过高或过低等，均会影响豆类蔬菜对营养元素的吸收。在大量施用化肥、农药的地块，以及在连作频繁的保护地栽培时，土壤中大量元素与中微量元素的不平衡，在这种土壤环境中生长的作物往往会表现出营养失调症状。土壤中某些营养元素含量过高对植物生长发育也不利，甚至会造成严重伤害。

2. 肥害

肥害是指因施肥不当引起豆类蔬菜生长受阻的现象。过量施肥、施用未充分腐熟的有机肥、过于集中施肥或长期大量施用某种肥料等，都会导致作物营养失衡，肥料中有毒有害物质超过作物忍受能力，使土壤产生盐渍化或酸化，导致植物枝叶徒长、倒伏、病虫害加重、烧苗、萎蔫等。

肥害主要有以下几种类型：

（1）有机肥型肥害

大量施用未发酵腐熟的有机肥，如直接将猪粪、牛粪、鸡粪等施入菜地中，其在分解过程中不仅会产生有机酸及热量，还会产生大量的氨气和亚硝酸气体等有害气体，会伤害豆类蔬菜根部和毒害地上茎叶部分。

（2）养分浓度过高型肥害

不论是化肥还是有机肥料，若一次性施用总量超过豆类蔬菜所需量，同时土壤水分含量不足，极易造成土壤盐分浓度过高，使豆类蔬菜吸收养分功能受阻，或水分倒流，导致豆类蔬菜根部脱水而出现肥害。

（3）气体毒害型肥害

氮肥、有机肥等肥料在分解时，会挥发出氨气、二氧化氮、二氧化硫等有害气体，当有害气体积累到一定量时，会给豆类蔬菜造成急性伤害。

（4）盐分积累型肥害

施肥量过大，土壤中的可溶性盐分会在地表聚积，地表盐分含量过高时，会导致豆类蔬菜根系生长严重受阻，甚至会导致有的地块无法耕种。

3. 药害

药害是指农药或激素使用不当而引起的豆类蔬菜的各种病态

反应，包括组织损伤、生长受阻、植株变态、减产等一系列非正常生理变化。

按农药的使用到药害表现时间的长短，药害分为急性、慢性两种。

急性中毒表现为喷药后几小时至3～4天出现明显症状，发展迅速。典型症状表现有播种后种子不发芽或发芽晚、出苗不齐或缺苗断垄，根系次生根少，叶片焦灼、病斑、褪绿、黄化、白化、卷曲、畸形、焦灼、穿孔、萎枯、凋零等，落花、落果、果实畸形、变褐长锈、发育不良、个头小以及长病斑等，植株萎蔫、枯萎等。

慢性药害是指在喷药后，较长时间才引起明显反应，往往会造成作物生长受抑、发育迟缓、开花坐果率变少、叶片光合作用变差、叶片黄化早落、籽粒发育不饱满、荚果成熟期变晚、上色效果变差、口感品质降低等。恢复时间比急性药害所需时间长，其危害性往往比急性药害大。

4. 热害和冷害

（1）高温热害

高温热害是指由于高温超过了豆类蔬菜生长发育的温度上限，对豆类蔬菜生长发育造成的损害。主要表现症状有茎叶萎蔫，徒长；果实日灼、气灼，出现畸形果；花芽分化不良，出现落花、落果等，导致病虫害加重。

（2）低温冷害

低温冷害是指豆类蔬菜在生长发育季节里，由于气温下降到低于其生长发育期阶段的下限温度时（15摄氏度以下），生理活动受到障碍，导致生长发育迟缓或植株枯死。主要症状表现有沤根，茎叶出现水浸状暗褐色的病斑，萎蔫，枯死等。

（三）防治方法

1. 营养失调

（1）改善土壤，培肥地力

生地、有机质贫乏的土壤及质地较轻的土壤要增加有机肥料的投入，提高土壤肥力。培肥应以有机肥为主，速效化学肥料为辅，但应避免一次性施用单一种类的化学肥料，尤其是含氯和硫化物的化学肥料。充分利用秸秆和草木灰等资源还田，促进农业生态系统循环利用。

（2）叶面追肥

根据豆类蔬菜不同生育期以及对营养元素的缺乏程度，选择适合的叶面肥追施。叶面肥按其成分可分为氮肥、磷肥、钾肥、磷钾复合肥、氮磷钾复合肥、微肥、稀土微肥以及加入植物生长调节剂的叶面肥等。常用的叶面肥有尿素、硫酸钾、过磷酸钙、磷酸二氢钾、硼砂、钼酸铵、硫酸锌、芸苔素内酯、海岛素、壳寡糖、复硝酚钠、胺鲜酯以及有机液肥等。

（3）根部追肥

根部追肥多以速效性肥料为主，按豆类蔬菜生长大小和对营养元素的缺乏程度，通过开沟深埋、兑水浇施等方式，使其迅速被豆类蔬菜吸收，促进其生长发育，还能有效改良土壤。常见的根部追肥有高氮复合肥、高钾复合肥、平衡复合肥、硫酸钾肥、硫酸钾镁肥、钙镁磷肥、硝酸铵肥、速效水溶肥以及有机液肥等。

（4）科学施肥

通过测定土壤养分含量，分析豆类蔬菜的需肥规律，确定肥料的种类、配比合用量，按方施肥。在农业技术人员的指导下，科学合理施用配方肥，又称测土配方施肥或平衡施肥。

2. 肥害

肥害发生初期，立即用20亿个/毫升的光合细菌菌剂培根1000毫升随水冲施，促进残留在土壤耕作层的盐类、肥料等下渗，降低其在土壤间隙间的浓度，减少其对植株根系的继续影响，刺激根系的生长，能快速恢复植株的生长势，缓解烧根、烧苗现象。同时，叶面喷施芸苔素内酯+氨基酸，或复硝酚钠+氨基酸，能被叶片快速吸收利用，缓解植株叶片因肥害造成的叶片萎蔫现象，促进植株恢复生长。

3. 药害

若药害发现得早，药液未完全渗透或吸收到植株体内时，可迅速用大量清水喷洒受害植株，反复喷洒3～4次，尽量把植株表面上的药物冲洗掉。还可在喷洒的清水中加入0.2%的食用碱或0.5%的石灰水。因为目前大多数农药是酸性的，遇到碱性物质会分解减效。清水冲洗后，可选用芸苔素内酯+氨基酸，或复硝酚钠+氨基酸，或胺鲜酯+氨基酸等进行叶面喷施，促进植株恢复生长。

4. 热害和冷害

采用遮阳网覆盖、清水喷雾等，均可起到一定的遮光、降温作用。覆盖地膜、农用薄膜、搭建挡风屏障、燃烧烟雾等，可起到保温、防寒的作用。在热害和冷害来临前，可选用植物动力2003、83增抗剂、芸苔素内酯、复硝酚钠、胺鲜酯、壳寡糖等单独或组合进行叶面喷施，提高植株抗性。

三、主要虫害及其药剂防治方法

（一）斑潜蝇

斑潜蝇，又称地图虫、潜叶蝇等，属双翅目潜蝇科。斑潜蝇主要有美洲斑潜蝇、番茄斑潜蝇、三叶草斑潜蝇、南美斑潜蝇和线斑潜蝇五种，美洲斑潜蝇为害较重。寄主有菊科、葫芦科茄科、伞形科、毛茛科、石竹科、十字花科、锦葵科、报春花科、豆科、唇形科、蝶形花科、石蒜科和禾本科等20余科共300多种植物。

1. 为害特点

成虫、幼虫均可为害。雌成虫把叶片刺伤后取食和产卵，幼虫潜入叶片和叶柄为害，产生不规则蛇形白色虫道，呈地图状。被害叶片叶绿素被破坏，影响光合作用，造成叶片干枯或脱落，受害植株的产量和品质严重下降。

2. 形态特征

成虫小，体长1.3～2.3毫米，翅长1.3～2.3毫米，体淡灰黑色，足淡黄褐色，复眼酱红色。卵椭圆形，乳白色，大小为（0.2～0.3）毫米×（0.10～0.15）毫米。幼虫呈蛆形，老熟幼虫体长约3毫米。幼虫有3龄：1龄较透明，近乎无色；2～3龄为鲜黄或浅橙黄色，腹末端有一对圆锥形的后气门。蛹为围蛹，椭圆形，腹面稍扁平，大小为（1.7～2.3）毫米×（0.50～0.75）毫米，橙黄色或金黄色。

3. 生活习性

在海南一年发生为21～24代，且世代重叠，无越冬现象。成虫用产卵器刺伤叶片，吸食汁液，雌虫把卵产在部分伤孔的表皮下。卵经2～5天孵化，幼虫期4～7天，末龄幼虫咬破叶表皮在叶外或土表下化蛹，蛹经7～14天羽化为成虫。每世代夏季2～4周，冬季6～8周。

4. 药剂防治方法

幼虫产卵盛期选用10%溴氰虫酰胺可分散油悬浮剂3000倍液，或60克/升乙基多杀菌素悬浮剂1000倍液，或75%灭蝇胺可湿性粉剂3000倍液等叶面喷雾2次，隔15天一次。

（二）豆蚜

豆蚜又称花生蚜、苜蓿蚜，属半翅目蚜科。主要为害豇豆、菜豆、豌豆、蚕豆、扁豆、四棱豆等豆类蔬菜。

1. 为害特点

成虫、若虫群集于嫩芽、嫩茎、花蕊及豆荚处吸汁为害，致叶片发黄蜷缩、生长停滞，影响开花结荚。虫体排泄物"蜜露"还可诱发煤污病，使叶片被一层黑色霉所覆盖，影响植株光合作用，常造成荚果品质变差、产量降低等。同时，豆蚜又是豆类蔬菜病毒病的主要传毒媒介之一，从植株幼苗期开始至整个生长发育期均可为害。

2. 形态特征

长椭圆形，初产淡黄色，后变草绿色或黑色。若虫体小，灰紫色，体节明显，体上具薄蜡粉。成虫可分为有翅胎生雌蚜和无翅胎生雌蚜2种。有翅胎生雌蚜体长1.5～1.8毫米，黑色或黑绿色，有光泽，眼瘤发达，是蚜害传播的主体。无翅胎生雌蚜体长1.8～2.0毫米，较肥胖，黑色或紫黑色，有光泽，体被薄蜡粉，是蚜虫繁殖和为害的主体。

3. 生活习性

豆蚜生长、发育、繁殖适宜温度为8～35摄氏度。最适环境温度为22～26摄氏度，相对湿度为60%～70%。12～18摄氏度，若虫历期10～14天；22～26摄氏度，若虫历期仅4～6天。海南地区一年发生20多代。

4. 药剂防治方法

选用10%溴氰虫酰胺可分散油悬浮剂3000倍液，或22%氟啶虫胺腈悬浮剂7500倍液，或20%啶虫脒可湿性粉剂3000倍液，或45%吡虫啉微乳剂2000倍液，或50%吡蚜酮水分散粒剂3000倍液等喷雾防治。

（三）普通大蓟马

普通大蓟马又称豆花蓟马、豆大蓟马，属缨翅目蓟马科。寄主有豇豆、菜豆、大豆、花生、红豆等9科28种植物。

1. 为害特点

成虫和若虫以锉吸式口器吸食植株的幼嫩组织的汁液，喜欢取食豆类蔬菜的生长点、花器、荚果等。生长点叶片受害会造成叶片皱缩、变小、弯曲或畸形，严重时托叶干枯，心叶不能伸开，生长点萎缩，茎蔓生长缓慢或停滞。荚果受害后，幼荚畸形或荚面出现粗糙的伤痕，严重影响豇豆的品质。普通大蓟马为害严重时虫口密度可达350头/株，32头/花，有虫株率达95%以上，已成为海南豆类蔬菜的主要害虫。

2. 形态特征

豆大蓟马属渐变态昆虫，一生经过卵期、1龄若虫、2龄若虫、前蛹、伪蛹及成虫期，虫态微小且历期短。卵长0.29～0.32毫米，长椭圆形或肾形，无色透明或乳白色，多藏于叶肉组织内。若虫分为2个龄期，1龄若虫初为乳白色，后呈淡黄色，体型极小；2龄若虫体型增大，初为淡黄色，后呈棕黄色。蛹虫体呈棕黄色，前蛹无单眼，翅芽外漏，较短，触角鞘囊状，前伸，不取食、不活动。伪蛹具有3个单眼，翅芽较长，长度约为腹部的2/3，触角向后伸展。雌虫成虫体长1.44～1.60毫米，虫体整体呈棕色或褐色。触角8节，除第3节为灰黄色外，其余为棕褐色，第3、4节末端收缩为颈状，各具一长叉状感觉锥。雄虫较雌虫体型小，但体色相似，阳茎短，基部亚球形。

3. 生活习性

在海南地区一年发生20代以上，且世代重叠，周年繁殖，冬季瓜菜生长季节为发生高峰。成虫和若虫多聚集在花朵，成虫善飞、避光。卵产于寄主生长点、嫩叶、幼果茸毛中，散产。在15～35摄氏度，普通大蓟马的世代天数为11～46天，其中卵期3～9天，若虫期4～16天，蛹期3～12天，产卵期1～9天。成虫寿命随温度升高而缩短，15摄氏度以下，平均寿命为63天；35摄氏度以下，平均寿命为11天。30摄氏度时，产卵量最大。

4. 药剂防治方法

重点掌握防治关键时期，分别是初花期、盛花期和翻花期。三个重要防治时期选用60克/升乙基多杀菌素悬浮剂1500倍液+20%啶虫脒可湿性粉剂1250倍液，或20%啶虫脒可湿性粉剂1250倍液+5.7%甲氨基阿维菌素苯甲酸盐水分散粒剂3000倍液，或25%噻虫嗪水分散粒剂3000倍液+45%吡虫啉微乳剂2000倍液等叶面喷雾防治。

（四）豇豆荚螟

豇豆荚螟，又称豆野螟、豇豆钻心虫，属鳞翅目草螟科。主要为害豇豆、菜豆、扁豆、四季豆、豌豆、蚕豆、菜用大豆等蔬菜。

1. 为害特点

成虫以蛀食豆荚为主，也可为害叶片和花蕾。成虫取食时，虫体前部钻入果实内，只留臀部在外，取食量很大。蛀花造成落花、落蕾；蛀荚早期造成落荚，后期产生蛀孔，蛀孔内外堆积粪便，降低产量和品质。

2. 形态特征

卵淡绿色，椭圆形。老熟幼虫体长约18毫米，体黄绿色，头部及前胸背板褐色。中、后胸背板有毛片6个，前列4个，各具2根刚毛，后列2个，无刚毛；腹部各节具同样毛片6个，但每个只有1根刚毛。成虫体长约13毫米，翅展24～26毫米，暗黄褐色。

前翅中央有个白色透明斑，后翅外缘黄褐色，其余部分白色半透明，内侧有3条暗棕色波状纹。

3. 生活习性

海南地区年发生7～9代，成虫昼夜均可羽化，成虫趋光性强，白天常躲在荫蔽处。另外，老熟幼虫常在荫蔽处的叶背、土表等处作茧化蛹。5—6月为害最严重。成虫昼伏夜出，最喜欢产卵在花蕾及花上，也有产于嫩荚或叶背，卵散产，在28～29摄氏度时卵期2～3天。幼虫孵出后即蛀入花蕾或嫩荚内取食，造成花、蕾、荚脱落。2～3龄幼虫能转株为害，亦可以随落地花再转株为害，转株多于早、晚进行。豆野螟对温度的适应范围广，7～31摄氏度都能生长发育，但最适环境温度为28摄氏度，相对湿度为80%～85%。

4. 药剂防治方法

在豆类蔬菜盛花期或病虫孵卵盛期喷药，一般宜在清晨花瓣开放时喷药，喷洒重点部位是花蕾、已开的花和嫩荚。药剂可选用20%氟苯虫酰胺水分散粒剂2000倍液，或20%氯虫·噻虫嗪悬浮剂2000倍液，或5%氯虫苯甲酰胺悬浮剂1500倍液，或5.7%甲氨基阿维菌素苯甲酸盐水分散粒剂3000倍液等叶面喷雾防治。

（五）甜菜夜蛾

甜菜夜蛾，又称夜盗蛾、菜褐夜蛾、玉米夜蛾等，属鳞翅目夜蛾科。杂食性害虫，其寄主有菜豆、豇豆、大豆、甘蓝、白菜、萝卜、莴苣、葱、菠菜、芹菜、棉花、苹果、牧草等170多种植物。

1. 为害特点

主要以幼虫为害植株。初孵幼虫结疏松网在叶背群集取食叶肉，受害部位呈网状半透明的窗斑，干枯后纵裂。3龄后幼虫开始分群危害，可将叶片吃出孔洞、缺刻，严重时全部叶片被食尽，导致整个植株死亡。4龄后幼虫开始大量取食，蚕食叶片，啃食花瓣，蛀食茎秆及果荚。

2. 形态特征

成虫体长10～14毫米，翅展25～30毫米，虫体和前翅灰褐色，前翅外缘线由1列黑色三角形小斑组成，肾形纹与环纹均为黄褐色。卵圆馒头形，卵粒重叠，形成1～3层卵块，有白绒毛覆盖。幼虫体色多变，一般为绿色或暗绿色，气门下线黄白色，两侧有黄白色纵带纹，有时带粉红色，各气门后上方有1个显著白色斑纹，腹足4对。蛹体长1厘米左右，黄褐色。

3. 生活习性

海南地区一年可发生10～11代。无越冬现象，可终年繁殖为害。成虫有强趋光性，但趋化性弱，昼伏夜出，白天隐藏于叶片背面、草丛和土缝等阴暗场所，傍晚开始活动，夜间活动最盛。卵多产于叶背，植株下部叶片上的卵块多于上部叶片。平铺一层或多层重叠，卵块上披有白色绒毛。雌虫可产卵100～600粒，卵期2～6天。幼虫昼伏夜出，有假死性，稍受惊吓即卷成“C”状，滚落到地面。幼虫怕强光，多在早、晚为害，阴天可全天为害。虫口密度过大时，幼虫会自相残杀。老熟幼虫入土，吐丝筑室化蛹。高温高湿条件有利于甜菜夜蛾的生长发育。7—8月，降水量少、湿度小时，甜菜夜蛾对豆类蔬菜威胁甚大。

4. 药剂防治方法

可选用4.5%高效氯氰菊酯乳油、10%高效氯氰菊酯悬浮剂3000倍液，或5%氯虫苯甲酰胺悬浮剂1500倍液，或5.7%甲氨基阿维菌素苯甲酸盐水分散粒剂3000倍液，或5%氟虫脲可分散液剂1500倍液，或5%氟啶脲乳油1500倍液，或50000 IU/毫克苏云金杆菌可湿性粉剂500～600倍液等叶片喷雾防治。

（六）朱砂叶螨

朱砂叶螨，又称火龙、红蜘蛛、棉红蜘蛛、棉红叶螨，属蜱螨目叶螨科。主要为害茄果类、豆类、菜用瓜类和果用瓜类等18种蔬菜作物。

1. 为害特点

成虫、幼虫、若螨在叶片背面吐丝结网并吸食汁液，从植株下部叶片开始向上蔓延发展。叶片被害后，逐渐变成红黄色，似火烧，造成大量叶片枯焦脱落，植株早衰或死亡，严重影响作物的产量和质量。

2. 形态特征

成螨体长0.40～0.55毫米，身体呈椭圆形，一般为深红色或锈红色，体色可随寄主种类变化。有4对足，体躯两侧有2块黑褐色长斑，从头胸部延伸至腹部末端，有时分成前后2块长斑，前一块儿略大。雄螨比雌螨小，身体呈红色或橙红色，头胸部前端近圆形，背面呈菱形，腹部末端略尖。卵为球形，直径大约为0.13毫米，初产时无色透明，孵化前变为淡红色。幼螨体长约0.15毫米，呈近圆形，色泽透明，眼睛红色，长有三对足，吸食叶片汁叶后，体色变成暗绿色。若螨体长约0.2毫米，有四对足，体形和体色和成螨相似，但个头较小。

3. 生活习性

海南地区一年可发生20余代。成虫和虫卵主要在寄主的病株、杂草根部和土壤中存活。以两性繁殖为主，也可行孤雌生殖，雌螨交尾后1～3天即可产卵，一生平均产卵100粒左右，最高可多达300多粒，适宜条件下7～10天即可完成1代，最适宜的环境温度范围在30摄氏度左右，相对湿度为40%～55%，高温干旱时虫害最为严重。

4. 药剂防治方法

当点片发生时即进行防治，有螨株率在5%以上时，应立即进行普遍防治。可选用1.8%的阿维菌素乳油1000倍液，或73%

炔螨特乳油2000倍液，或20%哒螨灵可湿性粉剂1500倍液，或20%甲氰菊酯乳油2000倍液等均匀喷施叶片进行防治。

（七）烟粉虱

烟粉虱，又称小白蛾、银叶粉虱、烟草粉虱等，属半翅目粉虱科。主要为害十字花科、茄科、葫芦科、豆科等四百多种植物。

1. 为害特点

成虫群集在叶背吸食汁液，分泌“蜜露”诱发霉污病，被害叶片褪绿、变黄，造成植株生长衰弱甚至萎蔫死亡，还可传染某些病毒病。烟粉虱成虫排泄物不仅影响植株的呼吸，还能引起煤烟病等病害的发生。烟粉虱在植株叶背大量分泌“蜜露”，引起真菌大量繁殖，影响到植物正常呼吸与光合作用，从而降低豆类蔬菜果实质量，影响其商品价值。

2. 形态特征

成虫体色淡呈黄白色，翅2对，白色，被蜡粉无斑点，体长0.85~0.91毫米，前翅脉1条不分叉，静止时左右翅合拢呈屋脊状，脊背有一条明显的缝。若虫淡绿色或黄色，1龄若虫有足和触角，能活动；在2、3龄时，烟粉虱的足和触角退化至只有一节，固定在植株上取食；3龄若虫蜕皮后形成伪蛹，蜕下的皮硬化成蛹壳。蛹壳淡黄色，长0.6~0.9毫米，边缘薄、自然下垂，无周缘蜡丝，背面有17对粗壮的刚毛或无毛，有2根尾刚毛。卵初产时为淡黄绿色，孵化前颜色慢慢加深至深褐色，有光泽，呈长梨形，有小柄。

3. 生活习性

海南地区一年可以发生11~15代，且世代重叠。刚孵化的烟粉虱若虫在叶背爬行，寻找合适的取食场所，数小时后即固定刺吸取食，直到成虫羽化。成虫喜欢群集于植株上部嫩叶背面吸食汁液，随着新叶长出，成虫不断向上部的新叶转移，故出现由下向上扩散危害的垂直分布。通常植株最下部是蛹和刚羽化的成虫，中下部是若虫，中上部是即将孵化的黑色卵，上部嫩叶处有成虫及其刚产下的卵。成虫喜群集，不善飞翔，对黄色有强烈的趋性。在25摄氏度条件下，从卵发育到成虫需要18～30天。成虫的寿命为10～22天，每头雌虫可产卵30～300粒。最适宜温度为26～28摄氏度，完成1个世代仅需19～27天。

4. 药剂防治方法

可选用22.4%螺虫乙酯悬浮剂2000倍液，或10%吡虫啉可湿性粉剂1000倍液，或20%啶虫脒可湿性粉剂2000倍液，或25%噻虫嗪水分散粒剂2500～4000倍液等进行叶片喷雾防治。

思考题

1. 豆类蔬菜病虫害的防治原则有哪些？
2. 豆类蔬菜病虫害的综合防治措施有哪些？
3. 豆类蔬菜主要传染性病害识别及其药剂防治方法有哪些？
4. 豆类蔬菜主要生理性病害识别及其防治方法有哪些？
5. 豆类蔬菜主要虫害识别及其药剂防治方法有哪些？

参考文献

[1] 张振贤. 蔬菜栽培学[M]. 北京：中国农业大学出版社，2003.

[2] 许如意，孔祥义，曹兵. 海南省豇豆设施栽培技术[M]. 海口：海南出版社，2011.

[3] 许雪莉，杨俊. 蔬菜栽培实用技术[M]. 北京：中国农业科学技术出版社，2016.

[4] 梁振深，林师森. 豇豆、菜豆、豌豆、四棱豆栽培技术[M]. 海口：海南出版社，2003.

[5] 吕佩珂. 中国蔬菜病虫原色图鉴[M]. 北京：学苑出版社，2006.

[6] 吕佩珂，苏慧兰. 豆类蔬菜病虫害诊治原色图鉴[M]. 北京：化学工业出版社，2013.

[7] 陈绵才.瓜类、豆类蔬菜病虫害防治[M]. 海口：海南出版社，2003.

[8] 于开亮.豆类蔬菜[M]. 北京：中国农业大学出版社，2006.

[9] 刘海河，张彦萍. 豆类蔬菜安全优质高效栽培技术[M]. 北京：化学工业出版社，2012.

[10] 江泽林. 海南省优势农产品区域布局研究[M]. 北京：中国农业出版社，2005.

后 记

豆类蔬菜产业是海南冬季瓜菜产业中极具优势的种植产业之一，但仍然存在种植规模“大而不强”、生产管理“粗而不精”、产品种类“博而不优”等诸多问题。随着蔬菜产业市场的不断完善、整合以及人民生活水平的提高，必须充分发挥海南天然的地理环境条件优势，进一步调整、优化区域布局，实行产地环境整治，推广新品种、新技术，确保豆类蔬菜产品质量安全，才能实现豆类蔬菜产业的高质量发展。

为帮助相关从业者提高海南豆类蔬菜种植技术水平，我们编写了《豆类蔬菜标准化栽培技术》一书，供广大豆类蔬菜种植者、基层农业科技人员及农业从业人员参考。

本书由海南省农业科学院蔬菜研究所高芳华同志编著，同时感谢梁振深、陈贻诵、伍壮生、吴月燕、王小娟、李雪峤、陈圆等涉及豆类蔬菜种质资源与育种、作物营养、作物保护、土壤肥料以及作物栽培等相关专业的同事和专家提供的相关资料和照片。

特别感谢海南惠农慈善基金会资助出版本丛书。

受时间和水平的限制，书中缺点和错误在所难免，敬请指正！

豆类蔬菜标准化栽培技术
课程实施计划表

总学时：40

<table>
<tr><td>目的要求</td><td colspan="6">了解豆类蔬菜作物的种类与分布，海南豆类蔬菜产业概况，豇豆、菜豆、豌豆和四棱豆的生物学特性及对环境条件要求等。重点掌握海南豇豆、菜豆、豌豆和四棱豆的类型与品种、栽培模式和季节、田间栽培管理技术以及主要病虫害症状及其防治方法等</td></tr>
<tr><td rowspan="2">题目名称</td><td rowspan="2">教学内容</td><td colspan="3">学时分配</td><td rowspan="2">目的要求</td><td rowspan="2">实施方法</td></tr>
<tr><td>面授</td><td>实习</td><td>自学</td></tr>
<tr><td>概述</td><td>1. 种类和分布
2. 海南豆类蔬菜产业概况</td><td>2</td><td></td><td>2</td><td>了解豆类蔬菜种类和分布情况以及海南豆类蔬菜产业发展概况</td><td>讲授和自学相结合</td></tr>
<tr><td>豇豆标准化栽培技术</td><td>1. 生物学特征特性
2. 类型与品种
3. 栽培模式与季节
4. 栽培技术
5. 防虫网覆盖栽培技术</td><td>3</td><td>3</td><td>3</td><td>了解豇豆生物学特性和对环境条件要求，掌握豇豆类型与品种、栽培模式与季节及其田间栽培技术要求</td><td>讲授、实习和自学相结合</td></tr>
<tr><td>菜豆标准化栽培技术</td><td>1. 生物学特性
2. 类型与品种
3. 栽培模式与季节
4. 栽培技术</td><td>2</td><td>2</td><td>2</td><td>了解菜豆生物学特性和对环境条件要求，掌握菜豆类型与品种、栽培模式与季节及其田间栽培技术要求</td><td>讲授、实习和自学相结合</td></tr>
</table>

续表

题目名称	教学内容	学时分配			目的要求	实施方法
		面授	实习	自学		
豌豆标准化栽培技术	1. 生物学特性 2. 类型与品种 3. 栽培模式与季节 4. 栽培技术	2	2	2	了解豌豆生物学特性和对环境条件要求，掌握豌豆类型与品种、栽培模式与季节及其田间栽培技术要求	讲授、实习和自学相结合
四棱豆标准化栽培技术	1. 生物学特性 2. 类型与品种 3. 栽培模式与季节 4. 栽培技术	2	2	2	了解四棱豆生物学特性和对环境条件要求，掌握四棱豆类型与品种、栽培模式与季节及其田间栽培技术要求	讲授、实习和自学相结合
豆类蔬菜主要病虫害及其防治方法	1. 病虫害防治原则 2. 病虫害综合防治措施 3. 主要病虫害及其防治方法	3	3	3	识别和掌握豆类蔬菜主要病虫害症状及其防治方法	讲授、实习和自学相结合